Elisa S. Suter

Die geheime Sprache der Tiere

Elisa S. Suter

DIE GEHEIME Sprache DER TIERE

Eine neue revolutionäre Methode,
die Ausdrucksweise der Tiere zu entziffern,
zu verstehen und zu erlernen

// SILBERSCHNUR ❦ VERLAG

Copyright © 2020 Verlag »Die Silberschnur« GmbH

ISBN: 978-3-89845-646-3

1. Auflage 2020

Gestaltung & Satz: XPresentation, Güllesheim
Umschlaggestaltung: XPresentation, Güllesheim; unter Verwendung verschiedener Motive von © Eric Isselee; Svetlana Ileva; www.shutterstock.com
Druck: Finidr, s.r.o. Cesky Tesin

Verlag »Die Silberschnur« GmbH · Steinstraße 1 · D-56593 Güllesheim
www.silberschnur.de · E-Mail: info@silberschnur.de

INHALT

1.

DIE WISSENSREVOLUTION ODER DIE ENTDECKUNG DER TIERWELT

Es ist nicht auszuschließen, dass wir unsere Vorstellungen über das Tier und Tiere überhaupt vollständig ändern müssen. Zumindest müssen wir sie überdenken, denn inzwischen verfügen wir ein erstaunliches Datenmaterial, das es uns nahelegt, dem Tier einen völlig neuen Stellenwert einzuräumen. Die Fortschritte, die inzwischen in Bezug auf die Tierwelt gemacht wurden, sind atemberaubend.

Ich schließe nicht aus, dass es eines Tages sogar möglich sein wird, verschiedene Tiersprachen systematisch zu erlernen, so wie wir heute schon unterschiedliche Fremdsprachen lernen, wie Englisch, Französisch, Deutsch und Spanisch etwa – oder wie verschiedene Computersprachen.

Ich werde gleich auf einige Entdeckungen hinsichtlich Tieren zu sprechen kommen, aber zunächst noch ein paar Fakten: Immerhin existierten Tiere schon vor vielen Hunderten von Millionen von Jahren; Tiere sind weitaus älter als der Mensch. Das Menschengeschlecht, so behaupten zumindest einige Wissenschaftler, ist nur 300.000-500.000 Jahre alt, einige Anthropologen billigen ihm jedoch ein höheres Alter zu, wieder andere sprechen von Millionen Jahren, wenn man die Übergangsformen vom Affen zum Menschen gelten lässt. Aber Tiere gab es schon seit dem "Anbeginn der Welt", sie sind weitaus älter, wie gesagt mehrere Hunderte von Millionen Jahren. Allein dieser Vorsprung sollte uns zu denken geben.

Hinzu kommt, dass einige Tiere hochinteressante Überlebensmechanismen entwickelten, einige Arten werden älter als der Mensch. In den Savannen Afrikas, im Packeis der Antarktis und in den Regenwäldern Südamerikas findet man Tiere, die in Bezug auf das Alter dem Menschen weit überlegen sind. Schon Elefanten werden bis zu 60 Jahre alt und Kolkraben leben 90 Jahre lang – ein Alter, das Menschen selten erreichen. Bekannt für ihr hohes Alter sind auch Papageien oder Kakadus, die ohne größere Probleme 90 Jahre erreichen können. Der Hummer wird noch älter, 100 Jahre sind keine Seltenheit. Bestimmte Muscheln, die ebenfalls den Tieren zugerechnet werden, erreichen gar ein Alter von über 110 Jahren. Störe, eine Fischart, lassen es sich angelegen sein, über 150 Jahre alt zu werden – es gibt Störe im Übrigen seit rund 250 Millionen Jahren auf Planet Erde. Aber Schildkröten stellen selbst diese Fischart in den Schatten mit 200 Jahren, einem Alter, das auch Wale erreichen können. Eine bestimmte Schildkrötenart, die Galapagosschildkröte, schafft es sogar, 250 Jahre alt zu werden. Und eine bestimmte Schwammart, so versichern uns Biologen, erreicht ohne Probleme ein Alter von 10.000 Jahren.[1]

Es ist nicht auszuschließen, dass wir noch *sehr* viel von Tieren lernen müssen – und über Tiere. Bestimmte Tiere scheinen in Bezug auf ihre "Intelligenz" oder hinsichtlich ihrer Fähigkeit, überleben zu können, den Menschen um Längen zu schlagen. Vergessen wir nie: Bevor der Mensch sich Planet Erde untertan machte, beherrschten Tiere diese Welt. Tiere werden im Allgemeinen enorm unterschätzt.

Es gibt es zahlreiche Tierarten, die wir bis heute nicht einmal kennen. Noch immer widersprechen sich Wissenschaftler, wenn dieses Thema zur Diskussion steht. Mit Sicherheit gibt es Millionen von Tier*arten*! Wir unterscheiden grob zwischen Reptilien, Vögeln, Fischen, Krebstieren, Weichtieren, Spinnentieren und 280.000 anderen Tierarten. Darüber hinaus gibt es rund 950.000 unterschiedliche Insektensorten.

Bekennen wir es einmal in aller Offenheit: Die Menschheit hat gerade erst angefangen, alle Tierarten auf Planet zu Erde zu entdecken und zu klassifizieren.

Ständig stößt man auf neue. Inzwischen sprechen Wissenschaftler davon, dass rund 1,25 Millionen Tierarten recht und schlecht beschrieben und mit einem Namen versehen worden sind. Einige Wissenschaftler schätzen jedoch, dass es rund 120 Millionen Tier*arten* gibt.[2] Wir kennen also gerade einmal ein Hundertstel aller Arten.

Gleichzeitig stehen wir völlig am Beginn einer neuen Wissenschaftsdisziplin, wenn es darum geht, Tiere von ihrem innersten Kern her wirklich zu *verstehen*. Eine Beschreibung oder ein Name bedeutet noch lange nicht, dass wir eine Art auch *begreifen* oder gar die gleiche Sprache sprechen können. Mit anderen Worten: Selbst unser Verständnis der bekannten Tierwelt ist alles andere als vollkommen.

Und was ist mit den verschiedenen Tieren innerhalb einer einzigen Art? Sie reagieren oft völlig unterschiedlich. Besitzen viele Tiere nicht einen individuellen Charakter? Bestimmte Hunde und Pferde etwa sind durchaus nicht mit anderen Hunden oder Pferden zu vergleichen, sie besitzen eine eigene, unverwechselbare "Persönlichkeit".

Tatsächlich gibt es Abertrillionen von Tieren – niemand kennt die genaue Zahl, denn bislang haben wir ja nur von Tier*arten* gesprochen. Wie tauschen sie sich aus? Auf welche Art kommunizieren sie miteinander? Und wie machen sie sich Menschen verständlich?

All diese Zahlen bedeuten im Klartext, dass wir erst am Beginn einer Revolution stehen, was die Erforschung der Tierwelt und der Verständigungsmöglichkeiten mit ihr angeht. Wir beherrschen nicht wirklich die Sprachen unseres Planeten beziehungsweise seiner "Bewohner". Wir sollten in aller Bescheidenheit realisieren, dass wir ganz am Anfang stehen, was diesen Forschungszweig angeht.

Auf der anderen Seite eröffnet eben dieser Umstand auch ungeheure Möglichkeiten. Inzwischen gibt es beispielsweise schon "begnadete" Zeitgenossen, die mit ihrem Hund etwa ein richtiges Gespräch führen und dessen Sprache "lesen" oder "verstehen" können.

Kommunikation mit Hunden

Persönlich verfüge ich mit Hunden über die meiste Erfahrung. Genaueste Beobachtung sowie die Bereitschaft, geduldig zuzuhören, lehrten mich, dass Hunde durchaus über eine eigene Sprache verfügen. Damit meine ich nicht nur bestimmte Bewegungen, die etwas Bestimmtes ausdrücken sollen. Jeder weiß, dass ein Hund, wenn er mit dem Schwanz wedelt, meist sagen will, dass er sich freut. Hunde haben zweifelsfrei Emotionen, die durchaus mit den Emotionen des Menschen vergleichbar sind. Ein Hund kann laut und aggressiv bellen und andere Menschen, die als Angreifer identifiziert werden, verjagen – und also Zorn zeigen. Er kann Zuneigung ausdrücken. Gewöhnlich ist ein Hund von einer unendlichen Neugier beseelt. Ein Hund ist aufgeregt, traurig, fröhlich, träge manchmal, bemüht sich um Gunst, kann widerspenstig sein, antagonistisch und ist mitunter sogar von Langeweile geplagt – alles lupenreine Emotionen.

Längst wurden beispielsweise "Beschwichtigungssignale" genau identifiziert, die ein Hund zeigt, wenn er Spannung abbauen und unter Umständen Unterwürfigkeit zeigen will. Dazu kann es gehören, dass er den Kopf oder den ganzen Körper abwendet, eine Pfote hebt, gähnt, die Augen zusammenkneift oder langsame, betuliche Bewegungen ausführt. Auch der Umstand, dass er sich einfach niederlegt und hinsetzt, kann dazugehören.[3] Ein Gähnen bei einem Hund kann allerdings auch einfach bedeuten, dass er müde ist, nicht anders als beim Menschen. Verschiedene Interpretationen sind möglich, was die Körperbewegungen angeht.

Doch nicht nur optische Signale und also eine optische Sprache kann man bei Hunden beobachten, sondern auch akustische Kommunikationen. Die Laute, die Hunde von sich geben, sind vollständig unterschiedlich und decken eine enorme Bandbreite ab, sowohl was

(1) die Tonhöhe angeht,

(2) die Länge und Dauer eines Tones,

(3) die Intensität – laut bis leise – und

(4) die Art des Tones.

Vier Unbekannte in der Gleichung!

Akustische Schwingungen können also von Hunden zweifelsfrei manipuliert werden, was in sich selbst eine erstaunliche Fähigkeit darstellt. Hunde können heulen, knurren, bellen, fiepen, winseln, wuffen, brummen und fauchen, wobei man selbst innerhalb der Belllaute auf 100 Unterschiede aufmerksam machen könnte. Und immer ändert sich damit die Botschaft. Es gibt zum Beispiel das Warnbellen, das Drohbellen, das Bellen, um zu einem Spiel aufzufordern, das begeisterte Bellen und das ungeduldige Bellen.

11

Darüber hinaus gibt es taktische Signale oder Berührungssignale zwischen Hunden und zwischen Hund und Mensch, die klare, eindeutige Kommunikationen transportieren – in beide Richtungen nebenbei bemerkt. Der Hund kann uns liebevoll lecken, voller Zuneigung, und wir können ihn liebevoll streicheln. Es handelt sich mithin um eine eigene Sprache, die viele Hundefreunde instinktiv recht gut verstehen.

Auch der Geruchssinn wird von Hunden benutzt, um zu kommunizieren, um Informationen zu geben und zu empfangen. Bei einigen Hunderassen ist er tausendfach so gut ausgeprägt wie beim Menschen.

Aber darüber hinaus gibt es sogar noch ein weitaus spannenderes Kapitel, was die Sprache des Hundes anbelangt – wenn es nämlich darum geht, mit dem Menschen in Kontakt zu treten. Gönnen wir uns ein Beispiel, das ich persönlich miterlebt habe und bezeugen kann.

Der Immobilienmakler und der Hund

Erlauben Sie, dass ich ein Beispiel aus einem früheren Buch wiederhole: Ich kenne einen Immobilienmakler, der ständig unterwegs war, um seinen Interessenten Häuser und Wohnungen zu zeigen. Der Job verlangte ihm alles ab. Jeden Tag kam er zu völlig unterschiedlichen Zeiten nach Hause. Aber seine Frau konnte trotzdem stets relativ genau vorhersagen, wann er sich von seinem letzten Kunden verabschiedete und er sich also auf den Nachhauseweg begab. Der Grund? Argos, sein Hund, der immer ruhig in seinem Korb lag, ging nämlich plötzlich zur Eingangstür und blieb dort sitzen, wenn Herrchen aufbrach, und dann wusste die Frau des Immobilienmaklers, was Sache war. Sie wusste in diesem Fall mit absoluter Gewissheit, dass sich ihr Mann vor etwa 3 bis 5 Sekunden entschlossen hatte, aufzubrechen und nach Hause zu fahren.

Sie kannte nicht die genaue Uhrzeit, wann ihr Mann zu Hause ankommen würde, weil sich die Wohnungen und Objekte, die er seinen Interessenten zeigte, an unterschiedlichen Orten befanden und die Entfernungen deshalb nicht auf einen gemeinsamen Nenner zu bringen waren. Aber sie war vollkommen sicher, *dass* er aufgebrochen war. Der Immobilienmakler und seine Frau stellten das mit absoluter Gewissheit fest, weil sie sich den Spaß erlaubten, mehrmals einen exakten Uhrenvergleich anzustellen.

Sobald der Immobilienmakler aufbrach, sprang Argos aus seinem Korb und blieb dann so lange vor der Tür sitzen, bis sein Herrchen zu Hause eintraf.[4]

Schwingungen oder Telepathie

Es scheint eine Kommunikationsmöglichkeit zwischen Mensch und Tier zu geben, die bislang kaum visioniert worden ist. Ich spreche von der Telepathie.

Nun gibt es 101 Erklärungsversuche für die Telepathie. Einige Wissenschaftler sprechen von Schwingungen, die weitergegeben werden und Kreise ziehen, andere von Gedankenübertragungen außerhalb des physikalischen Universums und außerhalb der Gesetze von Zeit und Raum. Was auch immer das letzte und richtige Erklärungsmodell für dieses Phänomen ist, feststeht, dass die Telepathie existiert.

Die Berichte hierüber sind einfach zu zahlreich, als dass man sie ignorieren könnte.

So erlebte ich einmal Folgendes:

Die Entensprache

Vor einigen Jahren besuchte ich den Europa-Park im Südosten Baden-Württembergs. Es war Frühling und überall blühten die Blumen. Innerhalb des Parks sah ich am Rande eines Teiches auf einmal einige Enten zusammen mit mehreren süßen, kleinen, zauberhaften Entenküken. Der Anblick allein wärmte mir das Herz. Soweit nichts Besonderes. Aber dann geschah es: *Die Küken kamen mir freudig entgegen.* Ich konnte es kaum fassen, es war fast magisch. Ich befand mich im siebten Himmel vor Aufregung und Glück. Ich hockte mich nieder und wollte den Küken meine Hand entgegenstrecken, damit sie mich "beschnuppern" und Zutrauen zu mir fassen konnten. Doch da watschelte unversehens die Entenmami heran, so schnell es ihr möglich war, sie schoss förmlich aus einem Busch heraus. Sofort hielt sie ihren Kindern eine Standpauke. Die Küken zogen den Kopf ein, wandten sich von mir ab und die gesamte Entenfamilie verschwand schleunigst zwischen den Ästen und Zweigen der Gebüsche, die rund um den Teich wuchsen.

Für mich hörte sich das Geschnatter der Entenmutter etwa so an: "Seid ihr lebensmüde? Das ist ein gefährlicher Mensch! Menschen sind unberechenbar. Es gibt Menschen, die fangen Enten, braten und essen sie. Wollt ihr in der Pfanne landen?"

Die Antwort der Küken mit ihren eingezogenen Köpfen lautete: "Uuups, entschuldige, Mami. Das wussten wir nicht. Wir tun`s auch nie wieder."

So könnte man diese "Begegnung der dritten Art" beschreiben. Was aber war wirklich passiert?

Mein ganz persönliches Glaubensbekenntnis

Persönlich gehe ich davon aus, dass Telepathie existiert und dass sich dieses unscheinbare Ereignis genau so abspielte, wie ich es gerade geschildert habe – wobei ich den Enten freilich menschliche Worte in den Mund gelegt habe.

Ich wusste aus Erfahrung mit Tauben, dass Küken unbeschriebene Blätter sind, durchaus vergleichbar mit menschlichen Babys. Dies trifft meines Erachtens auch auf Gänse zu. Wenn eine Babygans schlüpft und sie sieht als Erstes einen Menschen, dann glaubt sie ihr Leben lang, es handle sich bei diesem Menschen um ihre Gänsemami.

Deshalb funktionierte das "Gespräch" mit den Entenküken so hervorragend.

Aber wichtiger war: Ich bewegte mich völlig offen auf die Küken zu. Das bewirkte, dass sie umgekehrt auf mich zukamen, ohne jeden Argwohn.

In einem esoterischen oder philosophischen Sinne handelte es sich bei den Küken um mich selbst, sie waren mein Spiegel, sie waren verschränkt mit mir, wie man das ausdrücken könnte. Will sagen: "Ich" war in diesem Augenblick kein Menschenkörper, kein Homo sapiens, keine erwachsene Frau – sondern ich "wurde" zu den Küken, ich "war" die gesamte Szene. Ich werde später noch genauer auf diese esoterische oder spirituelle Erfahrung eingehen.

Als plötzlich die Entenmutter erschien, "wurde" ich die Entenmami. Aber dann beging ich einen entscheidenden Fehler. Plötzlich sprudelten alte, frühere Lehrsätze oder Programme, wie man das nennen könnte, wieder an die Oberfläche meines Bewusstseins. Es handelte sich um falsche Glaubenssätze, was Enten angeht. Sie lauteten etwa so:

"So verhalten sich Enten nicht."

"Die Entenmutter wird ihren Küken den Kontakt mit einem Menschen nicht erlauben."

"Eine Entenmutter schützt ihre Küken."

Und so weiter. Sie verstehen? Man könnte auch sagen: Ich kultivierte einige Vorurteile gegenüber Enten und speziell Entenmüttern. Ich war vollgestopft mit falschen Programmen. Die Entenmutter *konnte* sich also gar nicht anders verhalten, als sie es tat. Ich hatte gewissermaßen meine Skepsis in sie hineinprojiziert. Auch auf solche alten, falschen Programme werde ich noch genauer zu sprechen kommen. Hierbei handelt es sich ebenfalls um Dynamit.

Es waren also meine eigenen falschen, unangebrachten, alten Gedanken und Überlegungen, die den Zauber des Augenblicks zerstörten. Ich selbst war verantwortlich dafür, dass die Küken mir vertrauten, und ich selbst war ebenfalls dafür verantwortlich, dass die Entenmutter die Küken zurückpfiff, wie man das salopp ausdrücken könnte.

Was dieses Buch Ihnen bietet

Ich habe diese Beispiele bewusst an den Anfang dieses Buches gesetzt, damit deutlich wird, dass es sich bei den vorliegenden Seiten um ein ganz anderes Buch handelt, als das üblicherweise beim Thema Tierkommunikation der Fall ist.

Persönlich glaube ich tatsächlich, dass der Mensch mit Tieren regelrecht kommunizieren und in Verbindung treten kann. Ich werde meine Methode in den folgenden Kapiteln sehr genau darlegen.

Doch was bietet das vorliegende Buch im Detail?

- Wie Tiere miteinander sprechen

- Auf welche Art und Weise ein Mensch mit Tieren
in Kommunikation treten kann

- Wie Sie mit Hunden sprechen können

- Worin das Geheimnis der Katzensprache besteht

- Was Zoobetreiber selten wissen

- Was Zirkusbesitzer immer wieder erleben

- Welche unglaublichen Storys existieren bezüglich menschlicher
Kommunikation mit Hasen, Hamstern und Vögeln?

- Wie man zu einem echten Pferdeflüsterer wird

- Wie man mit Elefanten und Affen spricht

- Welche falschen Programme man zuerst ausräumen muss,
wenn man mit Tieren kommunizieren will

- Welchen Einfluss das Verhalten des Menschen auf Tiere hat

- Was der Unterschied zwischen Mensch und Tier ist

- Worin die wahre Macht des Menschen besteht

- Mit welcher Methode man seine Führungsqualitäten
verbessern kann

- Was die Krankheiten eines Haustieres mit dem Besitzer zu tun
haben – und wie man sie rasch zum Verschwinden bringen kann

- Welche unterschiedlichen telepathischen Begabungen es gibt

- Welche fünf Stufen Sie gehen müssen, damit Sie selbst
telepathisch mit Tieren "ins Gespräch" kommen können ...

So weit, so gut! Keine kleinen Versprechen, die ich hier gebe ... Aber darüber hinaus werde ich zahlreiche Beispiele aus meiner Praxis und der anderer vorstellen, wenn ich selbst oder andere "begabte" Tierkommunikatoren mit der Tierwelt direkt in Verbindung traten – Geschichten, die verblüffend sind.

Wichtiger aber ist der Umstand, dass auf den folgenden Seiten preisgegeben wird, wie *Sie selbst* relativ rasch alle möglichen "Tiersprachen" erlernen und mit Tieren direkt in Verbindung treten können. Es erwartet Sie also eine aufregende Lektüre, die den Rahmen der normalen, allgemein akzeptierten Realität vollständig sprengt.

Steigen wir ohne weitere Präambeln einfach ein.

2.

MEIN GANZ PERSÖNLICHER WEG

Doch halt! Bevor wir ans Eingemachte gehen, ist es nur fair, zunächst noch einige Worte über meine Person zu verlieren. Ich finde, der Leser hat ein Anrecht darauf zu wissen, mit wem er es zu tun hat. Daher möchte ich in aller Kürze auf meine Vita und meine ersten Erfahrungen mit der Tierkommunikation eingehen.

Ich wusste selbst lange nicht, dass ich über genau dieses Talent verfügte – mich mit Tieren auf deren "Wellenlänge" auszutauschen und Gespräche zu führen – aus dem ganz einfachen Grund, weil ich sozusagen "unbewusst" unterwegs war und agierte und mir meiner selbst noch nicht sicher war. Ja, ich liebte Tiere abgöttisch, von Kindesbeinen an. Aber ich realisierte kaum, dass ich mich mit meinem Bewusstsein in Tiere förmlich hineinversetzen und mich auf einer mentalen Ebene mit ihnen unterhalten konnte.

Es gibt für dieses Talent viele Ausdrücke: Einige sprechen von *Tierkommunikatoren*, andere von *Dog Whisperern* oder Hundflüsterern, wenn es um Hunde geht. Es gibt ferner den Ausdruck *Pferdewhisperer* und sogar schon den Ausdruck *Elefantenflüsterer*. Man spricht auch von *paranormalen Fähigkeiten*, und je und je von *psychics*, von psychisch begabten Medien.

Aber alle diese Vokabeln treffen meines Erachtens nicht den Kern der Sache.

Jedenfalls wurde ich schon früher darauf aufmerksam, dass mit mir "etwas nicht stimmte" oder besser gesagt: dass ich mich gänzlich anders verhielt, wenn es um Tiere ging.

Meine früheste Beziehung zu einem Tier

Eines meiner frühesten Erlebnisse bestand darin, dass ich, gerade mal vier Jahre alt und noch ein Grashüpfer, mit einem *Huhn* eine besondere "Beziehung" aufbaute. Das Huhn gehörte meinen Großeltern und war Teil eines Hühnerstalls, was für ein Kind immer interessant und begeisternd ist. Dieses Huhn rannte seltsamerweise nicht etwa vor mir davon, wenn ich wild wie aus dem Nichts vor ihm auftauchte – so wie Hühner das normalerweise tun. Es kam im Gegenteil zu mir, ließ sich anfassen, streicheln und liebte es, wenn ich es direkt auf meinen Schoß setzte. Das Huhn benahm sich wie ein völlig zahmes Huhn – etwas, wovon man selten oder nie gehört hat.

Meine Eltern und Großeltern schauten nur ungläubig zu. Sie schossen Fotos von mir mit dem Huhn auf dem Schoß und schüttelten den Kopf. Früh hörte ich Kommentare wie: "Das kann doch nicht normal sein." Oder: "Etwas stimmt nicht mit dem Huhn." Sowohl meine Eltern als auch meine Großeltern staunten nur. Sie konnten sich einfach nicht die Tatsache erklären, dass ich ein besondere Verbindung zu einem Huhn aufbauen konnte. Mit schien das alles völlig normal zu sein.

Ich konnte umgekehrt die Aufregung und den Unglauben um mich herum nicht einordnen, nicht mit vier Jahren. Ich fragte mich im Gegenteil: "Was soll daran *nicht* normal sein? Warum sollte sich das Huhn nicht bei mir wohlfühlen?" Genau dies schien mir wiederum völlig normal zu sein. Das Huhn legte ganz normal Eier, wie jedes andere Huhn auch, aber es war auch gern und oft mit mir im Gras unterwegs. Ich liebte das Huhn und genoss seine Freundschaft. Ich wünschte mir damals, ständig dieses Huhn um mich herum zu haben, denn es lief nie von mir davon. Aber mein Wunsch ging nicht in Erfüllung, denn, so belehrte man mich, "Hühner gehören in einen Stall". Alle belächelten mich. Und immer wieder hörte ich den Satz: "So verhält sich kein normales Huhn."

Ich will absichtlich nicht weiter auf diese Episode eingehen, sie dient nur dazu zu illustrieren, dass ich offenbar schon immer ein besonderes Verhältnis zu Tieren hatte.

Die Taube

Mit sechs oder sieben Jahren liebte ich es, mit meiner Taube spazieren zu gehen.

Eine Taube folgte mir tatsächlich auf Schritt und Tritt. Auch mit ihr hatte ich "magischerweise" eine unglaublich gute Verbindung. Ich liebte meine Taube.

Aber andere Kinder beobachteten mich und fingen an, mich aufzuziehen. Man lachte und lächelte über mich. Es war ungewöhnlich, dass da ein kleines Mädchen mit einer Taube spazieren ging. Ich hörte Bemerkungen wie: "Wer Tiere lieber hat als Menschen, hat ein Problem mit Menschen."

Es handelte sich natürlich um eine faustdicke Lüge, denn ich habe auch ein hervorragendes Verhältnis zu Menschen, aber als Siebenjährige konnte ich mit diesen abfälligen Bemerkungen noch nicht umgehen. Ich sah mich als ein "Opfer" an, ein Opfer übler

Nachrede. Zudem will man als Kind immer akzeptiert werden, man kämpft um seinen Platz in der Gemeinschaft, um Anerkennung in der Gesellschaft. Doch in eben diese Gesellschaft passte einfach kein kleines Mädchen mit einer Taube.

Um es abzukürzen: Als Kind ließ ich mich von Erwachsenen irritieren, was diese besondere Beziehung zu Tieren anging, und es dauerte eine geraume Zeit, bis ich langsam akzeptierte, dass ich "anders" war, was mein Verhältnis zu Zwei-, Vier- oder Sechsbeinern anging.

In der Folge hatte ich alle möglichen Haustiere, auf einige Erlebnisse werde ich noch zu sprechen kommen, aber so viel sei vorausgeschickt: Immer hatte ich ein eigenartiges, fast intimes Verhältnis mit den verschiedensten Spezies. Und sehr viel später, als erwachsene Frau, entschied ich mich, mir einen alten Wunsch zu erfüllen und einen Hund zu halten.

Meine Erfahrungen mit einem Hund

Zunächst besuchte ich alle möglichen Hundeschulen, Hundetrainer und Hundeflüsterer, um herauszufinden, wie man zu dem bestmöglichen Hundehalter wird. Aber früh schon entdeckte ich, dass all die verschiedenen Methoden, Hunde "abzurichten", nichts taugten – sie wurden dem Wesen des Hundes nicht gerecht.

Sozusagen mit Zuckerbrot und Peitsche versuchte man, Hunde zu erziehen und zu kontrollieren, man versuchte, sie zu verlässlichen kleinen Sklaven zu degradieren.

Mein Hund aber lehrte mich, dass dies nicht funktionierte – die genaue Story folgt später. Ich lernte weiter, dass Hunde im Gegenteil das Verhalten des Herrchens oder Frauchens nur spiegeln. Das heißt, sie übernehmen die Gemütslagen des Halters. Wir können also Hunde hervorragend dazu benutzen, uns *selbst* ins Angesicht zu schauen – und uns im Idealfall daraufhin zu verändern. Ein Hund kann also indirekt einen Menschen erziehen beziehungsweise ihn dazu führen, sich selbst genauer zu erkennen! Aber der Mensch muss zuhören können und die Sprache des Hundes verstehen.

Als ich dies plötzlich verstand, begann eine abenteuerliche Zeit für mich. Immer wieder kamen Hundehalter auf mich zu, die nicht glauben konnten, wie perfekt die Kommunikation zwischen mir und meinem Hund funktionierte. Als sie meinen Rat suchten, erkannte ich mit zunehmender Gewissheit, dass der Hund der Halter ist und jede Korrektur beim Halter vorgenommen werden muss – und nicht etwa dem Hund bessere Manieren beigebracht werden müssen.

Gleichzeitig setzte ich die Reise zu mir selbst fort, die Reise zu meinem Inneren.

Ich hatte zunehmend Erkenntnisse über meine eigene Person sowie über meine tatsächlichen Fähigkeiten gewonnen, die früher vielleicht schon latent vorhanden gewesen waren, aber die nie jemand bestätigt hatte, im Gegenteil. Weiter lernte ich, dass man gewisse "Glaubenssätze", die man bezüglich Tieren hat, zunächst ausräumen muss – falsche Ideen, Vorstellungen und fixe Ideen –, wenn man mit ihnen "ins Gespräch" kommen will.

Hellhörigkeit

Hellhörig, wie der Fachausdruck lautet, wurde ich spätestens 2012, zumindest wurde ich mir in diesem Jahr dieses Talentes bewusst.

Unter Hellhörigkeit versteht man die Fähigkeit, selbst das zu hören, was nicht ausgesprochen worden ist. Es handelt sich nicht nur um eine Art geschärfte Aufmerksamkeit, sondern es ist ein Ausdruck, der verrät, dass man über eine paranormale Sinneswahrnehmung verfügt. Unter Hellhörigkeit versteht man auch das Talent, Schwingungen wahrzunehmen, die normalerweise nicht von Menschen empfangen werden können.

Reflexionen

Als ich auf diese verschiedenen Begabungen aufmerksam wurde, machte ich mir anfänglich keine Notizen. Auch studierte ich nicht krampfhaft entsprechende Literatur. Ich stellte daneben auch keine abenteuerlichen Experimente an. Die Begabungen waren einfach vorhanden, ohne dass ich es mir selbst erklären konnte. Einige Leute, die sich "Freunde" nannten, nahmen an, ich hätte ein spezielles Kraut geraucht, mit Drogen experimentiert oder Alkohol im Übermaß genossen. Nichts da! Ich halte von all diesen Sachen nichts, im Gegenteil, ich erachte sie als höchst schädlich. Aber ich realisierte, dass ich nicht in die üblichen Schemata und Schablonen passte.

Verschiedene "Kunden", Tierbesitzer und Tierhalter, die immer häufiger auf mich zukamen, staunten manchmal Bauklötze. Aber es ging mir nicht darum, mich auf ein Podest zu stellen oder Applaus zu empfangen. Ich war vielmehr intensiv damit beschäftigt, mit mir selbst ins Reine zu kommen und das "Abenteuer Ich" fortzuführen. Außerdem wollte ich anderen helfen, mit Tieren freundlicher umzugehen, ja eine unendliche Liebe zur Tierwelt zu entwickeln. Ich wollte auf die unglaublichen Perspektiven aufmerksam machen, die sich eröffnen, wenn man Tiere auf eine ganz andere Art betrachtet.

Natürlich streichelten einige Bemerkungen mein Ego, selbst Tierärzte staunten, wie ich mit Tieren umgehen konnte. Aber ich versuchte, mich so früh wie möglich von dem geheimnisvollen, verführerischen Saft, der da heißt Bewunderung, frei zu machen. Aber anfänglich füllte das Lob meine leere Seelenflasche. Heute weiß ich, wie krank das war, wie rückständig in geistiger Hinsicht. Wir sollten uns nie vom Lob anderer abhängig machen. Die zwanghafte Suche, ja Sucht nach Anerkennung ist ein altes Programm, das man abspult, und wir sollten es als das erkennen, was es ist: eine Fallgrube.

Gleichzeitig kam ich mit allen möglichen Fachgebieten in Berührung. Aber früh erkannte ich, dass meine Erfahrungen nicht im Rahmen der akademischen Biologie oder Zoologie angesiedelt waren. Es handelte sich vielmehr um ein Talent, sich regelrecht in andere Tiere *hineinzuversetzen* und ein "Gespräch" zu führen. Dazu musste man sich lediglich auf eine andere "Wellenlänge" einstimmen. Ob es sich allerdings wirklich um eine "Wellenlänge" handelt – auf diese Frage werde ich an späterer Stelle genauer eingehen.

Jedenfalls bemühte ich mich, auch intellektuell zu verstehen, um welches Phänomen es sich bei all dem handelte und wie ich meine Erfahrungen logisch einordnen konnte, mit Hilfe meines Verstandes. Heute weiß ich, dass Logik nicht der Weisheit letzter Schluss ist. Bestimmte geistige Fähigkeiten sind keine mathematischen Gleichungen. Es handelt sich um eine ganz andere Dimension, in die man vorstößt. Im Grunde genommen taucht man in eine neue Wirklichkeit ein. Und daher versuchte ich zu verstehen, was "Wirklichkeit" oder "Realität" eigentlich ist.

3.

WIRKLICHKEIT: EIN NEUER ANSATZ

Bis heute streiten sich Philosophen um die Definition von Wirklichkeit. Fragen wir uns in aller Naivität einmal: Woraus besteht Wirklichkeit? Was macht sie aus? Wie kann man sie beschreiben?

Wenn wir Tiere beobachten, so glauben wir zunächst, dass wir uns hier unveränderbaren, objektiven Gesetzmäßigkeiten gegenübersehen. Wenn wir einer Katze eine Maus vorsetzen, so wird sie diese jagen und dann genüsslich fressen. Das scheint selbstverständlich zu sein. Hierbei vergessen wir jedoch den subjektiven Faktor. Wovon spreche ich?

Die Rolle des Beobachters

Längst ist auch in wissenschaftlichen Kreisen die These anerkannt, dass stets auch der *Beobachter* die Wirklichkeit steuert, jedenfalls zu einem gewissen Grad. Er trägt die Verantwortung oder eine Mitverantwortung für die gesamte Realität. Denken wir in diesem Zusammenhang nur an John Wheeler, ein Wissenschaftler, der in US-Amerika als der Nachfolger Albert Einsteins gefeiert wird. Wheeler stellte fest, dass das "Universum nicht unabhängig von uns existiert."[1] Nach seiner Ansicht gibt es eine ständige Interaktion zwischen dem physikalischen Universum und uns selbst. Wir sind also nicht nur Beobachter, sondern auch Teilnehmer in diesem Spiel, das da heißt: "Das physikalische Universum und ich". Es hört sich seltsam an, aber in gewissem Sinne handelt es sich bei unserer "Umwelt" und bei dem "Universum" um ein partizipatorisches Ereignis.

Selbst Physiker also geben längst zu, dass dies wahr ist: Allein bei der Anordnung von (scheinbar objektiven) Versuchen spielt der (subjektive) Faktor immer eine große Rolle. Resultate von Tests ändern sich manchmal vollkommen aufgrund von subjektiven Anordnungen oder Fragestellungen. Sogar die Physik beschäftigt sich heute nicht mehr nur mit Atomen, Molekülen, Partikeln, Feldern oder Kräften, sondern auch mit dem Menschen, den Beobachtern, den Personen. Speziell wenn die Phänomene Zeit und Raum im Mittelpunkt stehen, kommt selbst die scheinbar objektivste aller Wissenschaften, die Physik, nicht mehr ohne diesen subjektiven Faktor aus. Der moderne Physiker gibt sogar längst zu, dass seine Wissenschaft regelrecht hilflos ist, wenn er nicht den Beobachter in seine Gleichungen einbezieht.

Was das alles mit Tieren zu tun hat? Gedulden Sie sich bitte noch einen Augenblick ...

Nicht eben wenige Zeitgenossen verlangen von der Physik inzwischen, dass sie uns sogar Aufklärung über uns selbst gibt – über den subjektiven Faktor also. Viele Wissenschaftler und Physiker gehen inzwischen davon aus, dass kaum etwas Neutrales oder Objektives – völlig unabhängig von uns selbst – existiert. Stets muss unser eigener Gesichtspunkt einbezogen werden, eben der Gesichtspunkt des Beobachters.

Was aber bedeutet das? Nun, wenn wir etwas beobachten, während wir gleichzeitig die *Erwartung* hegen, dass etwas Besonderes oder überhaupt "Etwas" vor unseren Augen existiert, kommt sofort ein subjektiver Faktor zum Zug. Wir erschaffen bewusst-unbewusst etwas, dem wir in der Folge Objektivität nur zubilligen. Oftmals erschaffen wir etwas, was wir erwarten und was wir glauben. Wir kreieren "Realität" oder "Wirklichkeit", und diese Realität ist oft bereits in unserem Unterbewusstsein gespeichert.

Formulieren wir es radikal: Wenn wir davon ausgehen, dass uns ein Hund anfallen und beißen wird, laden wir ihn förmlich dazu ein, uns anzufallen und zu beißen. Wenn wir davon ausgehen, dass ein eigentlich scheuer Vogel keinerlei Angst vor uns hat, wird er sich uns manchmal ohne Furcht nähern und vielleicht sogar ein paar Brotkrümel aus unserer Hand picken. Wir senden also kontinuierlich Signale aus, ob wir uns dessen nun bewusst sind oder nicht. Noch einmal: Wir erschaffen ständig Realitäten.

Aber verweilen wir noch ein wenig bei der Theorie und der Praxis der Beobachtung.

Selbst Werner Heisenberg (1901-1976), der weltberühmte Physiker, den Hitler einst beauftragte, für Deutschland die Atombombe zu entwickeln – Heisenberg drückte sich erfolgreich –, gab zu, dass der Beobachter allein durch den simplen Akt der Beobachtung etwas erschafft. Werner Heisenberg, der sogar den Nobelpreis erhielt, formulierte bereits 1927 eine nach ihm benannte physikalische Theorie, die das gesamte Weltbild der Physik ins Wanken geraten ließ. Heute sprechen wir ehrfurchtsvoll von der Quantenmechanik und der Quantenphysik. Aber noch bedeutsamer war seine Entdeckung der Subjektivität des Beobachters/des Physikers, der ein Experiment anstellte.

Die Unzulänglichkeit des physikalischen Universums oder dessen Anfälligkeit für Manipulation durch ein Subjekt ist jedoch nur die eine Seite der Medaille. Die andere Seite besteht darin, dass wir nicht nur auf Gegenstände, Materie und Energie, die wir beobachten, unsere eigene subjektive Sicht projizieren. Die gleiche

Wahrheit scheint für die Beobachtung der Tierwelt zu gelten. Der individuelle, persönliche oder subjektive Gesichtspunkt muss also immer in die Gleichung mit einbezogen werden, wenn wir von Tieren sprechen. Lässt man diesen Ansatz gelten, so ergeben sich auf einmal fantastische Perspektiven. So viel sei vorausgeschickt: Wenn Sie diesen subjektiven Gesichtspunkt begreifen, also bereit sind, ihn zuzulassen, werden Sie selbst einige erstaunliche Erfahrungen mit Tieren machen können ...

Was aber heißt das konkret für unser Thema?

Die Projektion

Ohne Schnörkel ausgedrückt und konsequent zu Ende gedacht bedeutet dies, dass durch das Bewusstsein des Menschen das Tier erst in Erscheinung tritt. Der Mensch beobachtet das Tier – und "erschafft" es gleichzeitig. Immer findet eine Interaktion zwischen dem Menschen, dem Beobachter, und dem Tier statt.

Die Quantenphysik lehrt uns, dass jeder Beobachter Teil der "Wirklichkeit" ist, die er unter die Lupe nimmt. Wir sind also keine unbeteiligten Beobachter, die die objektive Wirklichkeit erkennen. Wir sind Teil der Gleichung. Unser Denken, unsere Gedanken, unsere Vorstellungen und unsere Fragestellungen verändern bereits die Realität, die wir zu erforschen vorgeben, ja, sie definieren sie eigentlich erst. Setzt man diese Erkenntnis auf die Tierwelt um, so ergeben sich weitreichende Konsequenzen.

Betrachten wir diesen subjektiven Ansatz noch etwas genauer.

Quantensprünge in der Philosophie

In Rahmen der Philosophie kultivierten einige Denker schon sehr viel früher eben diese Sichtweise, die später Subjektivismus genannt wurde. Bereits vor 2500 Jahren erkannten griechische Philosophen, dass eine Person immer von einem Standpunkt aus denkt, argumentiert und wahrnimmt. Der Mensch steht damit logischerweise im Mittelpunkt, nicht die beobachtete Sache oder der beobachtete Gegenstand. Das Bewusstsein ist wichtiger als die physikalische Realität.

Führen wir diesen Umstand noch ein wenig aus: Der Mensch benutzt seine fünf Sinne sowie seine Gedanken und seine Fähigkeit zur Logik, um etwas zu begreifen. Er sieht, hört, schmeckt, fühlt und riecht – und kombiniert diese Wahrnehmungen mit Hilfe seines Verstandes zu einer subjektiven Realität.

Aber das Tier verfügt möglicherweise über ganz andere Sinneswahrnehmungen, von seiner "Denkmethode" ganz zu schweigen. Ameisen verständigen sich etwa mittels chemischer Botschaften. Also kann der Mensch mit seinem subjektiven Selbstverständnis ein Tier nie vollkommen verstehen. Er müsste es aus dessen eigener Perspektive betrachten können, mit den tierischen Sinneswahrnehmungen, Berechnungen, Überlebensmechanismen und so fort.

Schon Protagoras, ein griechischer Philosoph des Altertums (486-411 v. Chr.), stellte fest: "Der Mensch ist das Maß aller Dinge." Und René Descartes (1596-1650), der französische Philosoph, Mathematiker und Naturwissenschaftler, drückte es so aus: "Ich denke, als bin ich." Auf gut Latein: "Cogito ergo sum." Auch dieser Satz deutet zurück auf das Subjekt. Immanuel Kant (1724-1804), der große deutsche Philosoph, wanderte in die gleiche Richtung, denn auch er wies darauf hin, dass sich der Mensch innerhalb subjektiver Wahrnehmungskategorien bewegt, zudem innerhalb von Raum und Zeit. Philosophen wie Fichte, Schelling und Schopenhauer schlugen in dieselbe Kerbe. Schopenhauer definierte gar "Die Welt als Wille und Vorstellung", wie auch der Titel seines wichtigsten Buches lautete.

Ein Stückchen Tierphilosophie

Und so müssen wir realisieren, dass Bewusstsein die Wirklichkeit beeinflusst, definiert und, konsequent zu Ende gedacht, eigentlich erst ermöglicht. Auch der Biophysiker Ulrich Warnke bestätigte diesen Umstand. Wirklichkeit ist also immer subjektiv, sie ist notwendigerweise subjektiv. Denn wenn es keinen Beobachter gäbe, der mittels seiner persönlichen Wahrnehmungen und seines Verstandes ein Tier zu begreifen versucht – könnte es nicht beschrieben und erfasst werden. Das aber heißt: Der Beobachter steuert die Wirklichkeit. Er erschafft sie eigentlich erst. Er "erschafft" das Tier innerhalb seiner eigenen Konzepte und Verständnismöglichkeiten. Jeder Mensch "erschafft" in diesem Sinne Tiere mit seinem Bewusstsein, unabhängig davon, ob er es weiß oder nicht. *Die Tiere, wie wir sie wahrnehmen, sind nichts als die Projektionen unserer Sinne und unseres Verstandes.* Das Tier selbst dagegen "sieht" sich vollständig anders. Falls es über ein "Selbst-Bewusstsein" verfügen würde, hätte es eine von der menschlichen Konzeption fundamental unterschiedliche Sichtweise.

Bemühen wir als Beispiel noch einmal den Hund. Er erfährt die Umwelt vor allem durch sein Riechorgan – das manchmal tausendfach besser entwickelt ist als das Riechorgan eines Menschen. Außerdem "betrachtet" er die Welt von einem ganz anderen Blickwinkel aus: Er schnüffelt ständig, was unmittelbar am Boden vor sich geht. Würden wir uns ganz ernsthaft bemühen, den Hund besser zu verstehen, so müssten wir uns auf alle Viere niederlassen und eine Weile die Welt aus seiner Perspektive wahrzunehmen versuchen. Wahrscheinlich kann der Hund außerdem aus einer einzigen Geruchsinformation hundert Rückschlüsse ziehen, die dem Menschen völlig fremd sind.

Versuchen wir nun, die Welt aus den Augen eines Pferdes zu betrachten. In diesem Fall müssen wir feststellen, dass es einen viel weiteren Blickwinkel besitzt als wir selbst. Warum? Nun, seine Augen befinden sich an den Seiten des Kopfes, nicht vorn wie beim Menschen. Das Pferd kann also beinahe in einem Umkreis von 360° sehen. Es verfügt über ein fantastisches Blickfeld. Befindet sich jedoch beispielsweise ein Gegenstand direkt vor dem Pferd, unmittelbar vor seinem Maul, kann ihn das Pferd nicht wahrnehmen, da die Augen ja seitlich angesiedelt sind. Es gibt also einen kleinen blinden Punkt.

Auch einige Tiere verfügen über weitaus bessere Fähigkeiten zu sehen als der Mensch. Denken wir nur an viele Katzenarten, die in dieser Beziehung weitaus talentierter sind als wir: Sie können selbst bei Nacht sehen. Wieder definiert sich "Wirklichkeit" für diese Tiere anders. Es handelt sich bei dem Talent, im Dunkeln etwas zu erkennen, nicht um *unsere* Wirklichkeit.

Betrachten wir nur die fünf Sinne – sehen, hören, riechen, schmecken, fühlen –, so erkennen wir sehr rasch, dass diese Sinne bei Tieren vollständig unterschiedlich ausgeprägt und gewichtet sein können.

Wahrnehmung durch das Hören

Bestimmte Tierarten hören weitaus besser als der Mensch. Normalerweise sind in diesem Fall die Ohren größer oder länger.

Aber nicht immer ist die Größe der Ohren ein Kennzeichen für eine bessere Hörfähigkeit. Der Afrikanische Elefant etwa benutzt seine Ohren als riesige Ventilatoren. Wenn also die Sonne heiß niederbrennt, pumpt der Elefant Blut in seine Ohren, fächelt sich mit ihnen Luft zu, das heißt, er schlägt sie vor und zurück und kühlt sich auf diese Weise ab. Nur im Allgemeinen zeigen größere Ohren auch die Fähigkeit an, besser zu hören. Eine bestimmte Wüstenfuchsart verfügt ebenfalls über enorm lange Ohren, im Verhältnis zur Körpergröße. Seine Ohren dienen in erster Linie dazu, für uns völlig unhörbare Geräusche wahrzunehmen – wie die Bewegungen kleinster Tiere unter dem Boden.

Ferner haben einige Tiere das Talent, ihre Ohren in alle möglichen Richtungen aufzustellen und zu drehen. Sie hören "rundum", in einem Umkreis von 360°. Sie justieren ihre Ohren, um in alle Richtungen hin lauschen zu können.

Darüber hinaus besitzen einige Tiere die Fähigkeit, selbst Töne wahrzunehmen, die wir Menschen nicht hören können. Die Fledermaus etwa hört Töne, die für den Menschen gewissermaßen nicht existieren.

Außergewöhnlich ist auch die Schleiereule. Bei ihr sitzt ein Ohr höher als das andere. Dadurch können Töne ebenfalls gänzlich anders wahrgenommen und ausgewertet werden als bei uns Menschen.

Die Entfernung und die Richtung eines Geräusches kann also eine Rolle spielen, wenn es um den höher entwickelten Gehörsinn eines Tieres geht, darüber hinaus aber auch die Lautstärke und sogar die Wellenlänge eines Tones.

Auch solche Beispiele beweisen, dass sich die "Realität" für bestimmte Tiere gänzlich anders darstellt, als wir glauben. Wenn wir Tiere wirklich verstehen wollen, dürfen wir daher nicht den Menschen und damit uns selbst in den Mittelpunkt des Weltgeschehens rücken.

Wahrnehmung durch den Geruchssinn

Kommen wir noch einmal auf das Riechorgan zu sprechen. Einige Tiere können Gerüche über viele Kilometer hinweg wahrnehmen. Den Geruchssinn benutzen umgekehrt andere Tiere, um sich zu verteidigen. Sie strömen derart unappetitliche Gerüche aus, dass sie kaum angegriffen werden. Der Bombardierkäfer etwa schießt mit einer Säure um sich; Geruchswolken entstehen, so dass er rasch entkommen kann. Das Graue Riesenkänguru verfügt über eine ähnliche Waffe, genauso wie bestimmte Wanzen, das Stinktier oder der Ameisenbär.

Aber am interessantesten ist die Tatsache, dass einige Tiere aufgrund ihres Geruchssinns die Welt vollständig unterschiedlich wahrnehmen. Da es Tausende von Gerüchen gibt, existieren aller Wahrscheinlichkeit nach auch Tausende unterschiedlicher Talente in dieser Beziehung. – Und jedes Mal ist das Resultat eine völlig andere "Realität" als die, die wir kennen.

Die Welt des Tieres

Um es abzukürzen: Jeder einzelne menschliche Sinn, die fünf Wahrnehmungskanäle also, könnte noch einmal unterteilt werden in buchstäblich Hunderte, wenn nicht Tausende von Unterkategorien, wenn wir ihn auf die Tierwelt umlegen. Dabei haben wir noch nicht einmal davon gesprochen, dass einige Tierarten magnetische oder elektrische Wellen wahrnehmen können. Bestimmte Vogelarten nehmen ohne Zweifel das Magnetfeld der Erde wahr – und richten sich in ihrem Flug danach, wenn sie ihr Winterquartier aufsuchen, das sich auf einem anderen Kontinent befindet.

Und so erkennen wir mit einem Schlag, wie unvorstellbar unterschiedlich die "Realität" und die Welt der Tiere ist – im Verhältnis zum Menschen. Im Grunde genommen versuchen hier (Tier-)Bewohner, die schier von einem anderen Planeten stammen, sich mit der "Rasse Mensch" zu verständigen, überspitzt ausgedrückt. Dabei liegen beide Spezies meilenweit auseinander. Sie verfügen bestenfalls in einem sehr begrenzten Bereich über halbwegs identische Wahrnehmungskanäle. Wenn wir von Tieren sprechen, reden wir von Bewohnern aus einer anderen Welt. Wir sprechen von anderen Rassen und völlig anderen Daseinsformen. Und nun versucht der Mensch, mit seinen fünf Sinnen und seinem Verstand, der durch seine Wahrnehmungskanäle korrumpiert oder zumindest vorbelastet ist, all diese Welten zu erfassen. Er versucht mit gänzlich anders gelagerten Sinneswahrnehmungen das Tier zu begreifen. Aber er vergisst dabei, dass er über sehr spezifische Wahrnehmungsfähigkeiten verfügt, welche selten oder nie mit der Tierwelt übereinstimmen.

Und wissen wir denn wirklich, wie ein Pferd zum Beispiel "sieht" – abgesehen von dem größeren Winkel? Was ist mit der selektiven Wahrnehmung? Ein Pferd auf einer Weide nimmt vielleicht in erster Linie die Gräser wahr, die es fressen kann. Vielleicht achtet es auch noch auf Kleinlebewesen innerhalb der Gräser. Ein Auto nimmt es vielleicht als etwas Unverständliches oder Geheimnisvolles wahr; manchmal scheuen Pferde vor Autos, wenn sie nicht mit ihnen vertraut sind, sie empfinden Furcht. *Sehen* ist also nicht gleich *sehen*.

Der Mensch, der ein Tier allein mit seinen Sinneswahrnehmungen her zu begreifen versucht, verhält sich wie ein Blinder, der sich bemüht, einem anderen Blinden zu erklären, wie schön der Frühling ist. Oder, aus einer anderen Perspektive betrachtet und aus dem Blickwinkel des Hundes und des Menschen gesehen:

Ein Geruchsgeschädigter (= der Mensch, der in dieser Beziehung für den Hund ein Behinderter ist) versucht, mit einem Analphabeten, der nicht lesen und schreiben kann (= der Hund, der in dieser Beziehung für den Menschen ein Behinderter ist) in Kommunikation zu treten. Zwei behinderte Lebewesen!

Das ist in etwa die Ausgangssituation, der wir uns gegenübersehen. Und dennoch gibt es einen, einen einzigen gemeinsamen Nenner, über den beide Spezies verfügen, der Mensch und das Tier. Es gibt ein höchst bemerkenswertes Verbindungsglied zwischen Tier und Mensch. Dieses Verbindungsglied löst all die Probleme, die ich gerade angedeutet habe.

Aber verweilen wir noch einen Moment lang bei den Hürden und Hindernissen ...

Glaubenssätze

Ein weiteres Problem stellen die unbewussten Glaubenssätze dar, die wir kultivieren, wenn es um die Tierwelt geht. Denn wenn jemand bestimmte Glaubenssätze, Vorurteile oder Gedanken über ein Tier hegt, so verhindern diese eine positive, konstruktive Kommunikation.

Wenn ein Mensch zum Beispiel dem Glauben anhängt "Alle Katzen sind falsch und hinterlistig", so kann er natürlich kaum mit einer Katze kommunizieren. Wenn er annimmt "Alle Vögel fürchten sich vor Menschen", so wird er nie mit Vögeln in Kontakt treten können. Wir sind also zusätzlich gehandicapt durch unsere eigenen Vorurteile und Glaubenssätze.

Diese Glaubenssätze stellen eine Art codierte Energie dar. Jede sprachliche oder gedankliche Kommunikation enthält immer auch ein gewisses Maß an Energie; ich werde hierauf schon im nächsten Kapitel genauer zu sprechen kommen. Diese Energie innerhalb eines Glaubenssatzes wird nun zu dem Tier transportiert. Das Tier empfängt diesen Glaubenssatz bewusst oder unbewusst, er wirkt dadurch – und schon wird die Kommunikation behindert. Solche Glaubenssätze finden sich in unserem Unterbewusstsein. Wir bewerten das Tier sofort, wenn wir sein Verhalten und seine Erscheinung beobachten, und diese Bewertung nimmt das Tier wahr. Entsprechend reagiert es. Wir provozieren also durch unsere Gedanken (bewusst im Idealfall) und durch unsere Glaubenssätze (immer unbewusst) die Reaktion des Tieres. Wir selbst schicken per Gedanken eine Information zu dem Tier, sie trifft dort wie ein Laserstrahl auf. Und schon verhält es sich gemäß, denn das Tier erkennt die Information. Es verwandelt sich einen Augenblick lang genau in die Information, die wir ausgesandt haben, denn es kann sie nicht abblocken. Und so wird das Tier, philosophisch gesprochen, einen Moment lang zu der menschlichen Information, zu dem Menschen.

Damit aber sind wir einem der größten Geheimnisse auf der Spur, das vorstellbar ist ...

Fantastische Perspektiven

Was sich auf den ersten Blick negativ anhört, ist im Grunde genommen positiv. Warum? Noch einmal: Was wir in das Tier hineinlegen, wird zur Realität. Wir *sind* einen Moment lang das Tier. Das ist eine vollständig, neue Sichtweise, die bislang noch nie zum Ausdruck gebracht worden ist. Sie wurde noch nie in Betracht gezogen. Tatsächlich eröffnet sie wundervolle, neue Möglichkeiten, wenn wir diese "Verschränkung" nur zu Ende denken.

Meine Erfahrung mit Tieren belegt, dass es sich tatsächlich so verhält, wie gerade beschrieben. Wir sind also in weitaus größerem Maße dafür verantwortlich, wie ein Tier reagiert. Unsere ganzen Haltungen, Meinungen, Ansichten und Betrachtungen über ein Tier – werden durch das Tier gespiegelt. Sie werden in das Tier hineingelegt, und sie fallen in der Folge auf uns selbst zurück. Das Tier verhält sich deshalb erstaunlich kongruent zu unseren eigenen Meinungen und Ansichten. Sein "So-Sein", wie das der Philosoph ausdrücken würde, wird durch unser erwartungsvolles Beobachten erst erschaffen.

Unterfüttern wir diese Erkenntnisse nun mit einigen aufregenden Beispielen ...

4.

KOMMUNIKATION MIT HASEN UND HAMSTERN

Wählen wir zunächst zwei Szenarien aus, für die ich mich unmittelbar verbürgen kann – aus dem einfachen Grund, weil ich sie selbst erlebt habe.

Die Geschichte eines Hasen namens Grace

Ich selbst tappte einst in diese Falle, die ich gerade beschrieben habe – als ich noch nicht so viel über Tiere wusste. Ich hielt mir damals einen weißen Teddyzwergwidderhasen, wie die genaue Artbezeichnung lautet. Er sah allerliebst aus, war flauschig wie Zuckerwatte und hatte schöne Hängeohren.

Bevor ich mich für den Kauf dieses Hasens entschied, hatte ich mich kundig gemacht. Ich hatte alle Beschreibungen über die verschiedenen Hasenrassen gelesen und sorgfältig studiert. Zu diesem Zeitpunkt wusste ich noch nicht, was Gedanken, Glaubenssätze und Gefühle bewirken konnten. Mir war nicht bewusst, WER die Wirklichkeit erschafft. Ich glaubte also den Rassebeschreibungen und allen "Autoritäten", was Hasen anging. Grundsätzlich war ich auf der Suche nach einem möglichst zutraulichen, gutmütigen, freundlichen, pflegeleichten und liebenswürdigen Charakter, der auch mit Menschen gut auskam. Ich studierte also zahlreiche Charakterbeschreibungen und tauschte mich zudem mit verschiedenen "Hasenkennern" aus. Immer hörte ich, dass Widder (= Hasen mit Schlappohren) freundlicher und gutmütiger seien als Löwenköpfchen. Auch las ich, dass Teddyhasen (= die über ein flauschiges Fell verfügen) zutraulicher sein sollten als andere Rassen. Meine Wahl fiel also auf einen Teddyzwergwidder.

Der Hase hörte auf den Namen Grace, es handelte sich um einen weiblichen Hasen, der ursprünglich einer älteren Dame gehört hatte. Aber Graces Hasenfreund war verstorben, und üblicherweise fühlen sich Hasen am wohlsten, wenn sie Gesellschaft haben. Aber mit keinem anderen Hasen – so teilte mir die Vorbesitzerin mit – habe sich Grace vertragen. Sie wisse, man müsse im Idealfall zwei Hasen halten, aber mit Grace sei das nicht möglich. Sie selbst müsse zudem ins Altersheim, also sei sie auf der Suche nach einem neuen Zuhause für Grace.

Und so geschah es, dass Grace bei mir landete.

Für mich war von Anfang an klar, dass ich Grace möglichst viel Freilauf geben wollte. Weil sie sich zudem nicht mit anderen Hasen vertrug, wollte ich ihr die Möglichkeit geben, sich in meiner Nähe aufzuhalten, wann immer sie das Bedürfnis dazu verspürte. Ich quartierte ihren Käfig also in einem Zimmer ein, das sich in dem gleichen Stockwerk befand, in dem ich mich aufhielt. Unter den Tisch legte ich eine Decke, in die Ecke daneben stellte ich ein Katzenklo. Ohne weiter nachzudenken ging ich wie selbstverständlich davon aus, dass Grace auf das Katzenklo gehen würde. Ich zweifelte nie daran, *dass* es klappen würde.

Als Grace das erste Mal auf den Steinboden machte, las ich die Hasenböhnchen geduldig auf und warf sie ins Katzenklo. Aber dann hockte ich Grace ebenfalls in das Katzenklo. Mehr war nicht notwendig. Was passierte? Simsalabim! Von diesem Zeitpunkt an ging Grace brav aufs Katzenklo.

Befand ich mich in der Küche, hoppelte sie zu mir und streckte dort ihre Viere behaglich in ihrem Körbchen aus. Begab ich mich ins Wohnzimmer, legte sie sich zu mir unter den Tisch. Marschierte ich auf die Terrasse oder den Rasen, folgte mir Grace ebenfalls. Der Hase war extrem zutraulich und liebte es, gestreichelt zu werden. Grace schleckte meine Hand und meine Wange ab. Das Tier war kurz gesagt rundum glücklich. In der Nacht beförderte ich Grace in ihrem großen Käfig in ein Zimmer, das sich in demselben Stockwerk befand, wo auch ich mich aufhielt – wie schon gesagt. Ich ging einfach davon aus, dass eben diese Behandlung für sie vollkommen richtig sei. Dabei war sie weder eine Katze noch ein Hund. Trotzdem fühlte sich Grace geborgen in ihrem Käfig. Sie schlief dort zufrieden, es wurde ihr zur zweiten Natur. Der Käfig fühlte sich *sicher* an für mich. Heute weiß ich, dass ich selbst dieses Gefühl der *Sicherheit* auf sie projizierte.

So weit, so gut!

Einige Leser werden einwenden, dass es sich hierbei um keine sonderlich aufregende Geschichte handelt, zumal Hasen in der Regel in Außengehegen oder zumindest in Käfigen im Haus gehalten werden. Aber im Nachhinein handelte es sich eben doch um eine höchst ungewöhnliche Story. Grace verhielt sich nämlich vollkommen gemäß den Glaubenssätzen, die *ich* in meinem Unterbewusstsein abgespeichert hatte. Ich nahm einfach an, sie könne stubenrein sein. Ich glaubte weiter, sie würde gern hinter mir herhoppeln. Und ich ging davon aus, dass sie meine Nähe liebte. Auch dass sie entspannt und völlig zutraulich war, war ein Gedanke, der zunächst einmal *von mir* ausging. Ich hatte meine eigenen Vorstellungen in das Tier hineinprojiziert.

So weit zur Praxis, die mit der Theorie immer unterfüttert werden sollte. Betrachten wir daher nun noch einmal die Theorie.

Erklärungsversuche

Es ist im Grunde genommen gleichgültig, durch welch hochgestochene Philosophie oder Wissenschaft wir diese oder ähnliche Phänomene zu erklären versuchen. Dr. Ulrich Warnke ging und geht davon aus, dass sich Materie nur durch den Geist realisiert und nur durch ihn modifiziert wird. Er stellte fest, dass Informationen durch den Intellekt und das Gefühl "weitergegeben" werden. Das Subjekt (in dem eben beschriebenen Fall der Hasenbesitzer, also ich) beeinflusst das Objekt (den Hasen, Grace). Warnke spricht von einer Energie, die bei einer Kommunikation ausgetauscht wird. Er nennt diesen Energiefluss codierte Energie. Die Kommunikation enthält also einen Code, sprich einen Sinn oder eine Botschaft.

Die zugrunde liegende These: Geist ist Materie grundsätzlich immer überlegen.

Meine Annahme, dass sich Grace fast wie eine Katze verhalten würde, bestätigt diese These. Der Geist, die Seele, der Gedanke – welches Wort wir auch immer bevorzugen – erschafft die Realität.

Selbst der weltbekannte Physiker Nils Bohr (1885-1962), der den Nobelpreis für Physik erhielt für seine Verdienste um die Erforschung der Atome und die von ihnen ausgehende Strahlung, stellte fest, dass Gedanken eine *Energie* enthalten.

In der Folge erfanden alle möglichen Gurus die verschiedensten Begriffe hierfür. Einige sprachen von *Bewusstseinsquanten* – eine Parallelwortbildung zur Quantenphysik – andere von *Psychons*, wieder andere von Gedanken-Energie-Partikeln.

Vergessen sollten wir bei all diesen Wortbildungen und Erklärungsversuchen jedoch nie, dass es sich nur um das manchmal geradezu verzweifelte Bemühen handelt, ein Phänomen zu erklären.

Das Wortgeklingel ist in gewissem Sinne unwichtig. Von Bedeutung ist lediglich der Umstand, *dass* Gedanken Macht besitzen.

Gedanken können die Wirklichkeit verändern. Sie können sogar auf Tiere einen derartigen Einfluss nehmen, dass sie ihre Verhaltensweisen ändern. Die Sprache der Gedanken, der Gefühle und der Empfindungen ist es, die auch Tiere verstehen. Das ist eine aufregende Entdeckung. Denkt man sie konsequent zu Ende, dann gelangt man auf einmal auch zu einem völlig anderen Verständnis des Menschen.

Aktivität und Passivität, Ursache und Wirkung

Worauf ziele ich ab? Nun, der Mensch kann seine Umwelt steuern. Er kann sie in einem weitaus größeren Grad steuern, als er es sich in seinen kühnsten Träumen jemals vorgestellt hat. Er kann *aktiv* etwas bewegen, er muss sich nicht *passiv* verhalten. Der Mensch ist aufgrund seiner Gedankenkraft zu ungleich größeren Leistungen fähig, als er bislang angenommen hat.

Leider ist auch das Gegenteil wahr. Ein "unbewusster Mensch", wie man das nennen könnte, wird gesteuert. Er wird manipuliert, sogar in einem Ausmaß, das erschreckend ist. Der Mensch, der sich nicht frei macht von den Reizen der Außenwelt, ist wie ein Sandkorn im Wind, das ständig hin- und hergeweht wird. Er glaubt, dass er bestimmte Dinge und Umstände nicht verändern kann. Er ist gefangen und sitzt in einem Käfig, ohne es selbst zu wissen. Und in diesem Käfig oder Gefängnis bewacht er sich selbst.

Ein bewusster Mensch, der um die Kraft und die Macht der Gedanken weiß, kann aus diesem Gefängnis ausbrechen. Er kann sein Schicksal selbst in die Hand nehmen. Er kann *Ursache* sein und muss nicht *Wirkung* werden. Er kann Realitäten verändern. Er kann seine eigene Realität in eine gewünschte Richtung lenken, und er kann beispielsweise auch Tiere so beeinflussen, dass sie ihr Verhalten verändern. Sogar die Weisheiten aller möglichen "Autoritäten" können dann auf einmal über Bord geworfen werden. Der Mensch, der sich seiner selbst bewusst ist und über die Macht der Gedanken weiß, erschafft eine vollständig neue Realität. Er ist niemals hilflos und niemals ein Opfer der Umstände. Je bewusster ein Mensch ist, desto weniger ist er durch die Umwelt beeinflussbar.

Die gesamte Soziologie, deren Vertreter lehren, dass wir alle arme Mäuschen und vollständig das Ergebnis unserer Umwelt sind, kann im Prinzip abdanken. Der *freie* Mensch denkt, was er denken will, gleichgültig, wie sich die äußeren Umständen darstellen. Er ist ein Schöpfer. Er verfügt über konkrete Macht.

Will man also mit einem Tier eine Verbindung aufnehmen, muss man die Herrschaft über seine eigenen Gedanken, Gefühle und Empfindungen antreten. Und man muss eben diese Herrschaft anerkennen und nutzen. Wie im Märchen tun sich damit auf einmal völlig neue Welten auf ...

Kommunikation mit einem Hamster

Um diese Power zu illustrieren, möchte ich ein weiteres Beispiel bringen, geben wir also erneut etwas Butter bei die Fische, wie der Volksmund so schön sagt. Aber es handelt sich bei dem folgenden Beispiel um keine Fische, sondern um einen Hamster.

Vor noch nicht allzu langer Zeit besaß ich selbst mehrere Hamster, Teddyhamster, um genau zu sein. Sie waren extrem zutraulich, es war mir gelungen, eine Verbindung zu ihnen herzustellen. Als mich eines Tages ein Tierarzt aufsuchte, kommentierte er nur erstaunt, dass diese Verbindung *nicht normal* sei. Das heißt, der Grad des Verständnisses und der Zuneigung zwischen den Hamstern und mir überstieg bei weitem den "normalen" Bereich. So kam es, wie es kommen musste: Die Geschichte sprach sich herum. Und eines Tages rief mich eine andere Hamsterbesitzerin an. Sie hatte ein Problem, das sie durch ein Gespräch mit mir zu lösen hoffte. Zuerst fragte sie mich, ob ich bereit wäre, ihren Hamster zu übernehmen, er sei bissig. Von Anbeginn an habe er sich nicht anders verhalten. Sie könne seinen Käfig nur schlecht saubermachen oder ihm Futter geben. Bei jeder nur erdenklichen Gelegenheit beiße er sie in die Finger. Wer das erlebt habe, wisse, dass dies ordentlich zwicke. Sie habe schon mehrere Teddyhamster gehabt, aber so etwas habe sie noch nie erlebt. Kurz gesagt, sie wollte den Hamster loswerden.

Ich sagte ihr auf den Kopf zu, dass ihr Hamster vermutlich etwas Unschönes erlebt habe, bevor er in ihre Hände gefallen sei. Und: Die Hamsterbesitzerin öffnete sich auf einmal. Sie erzählte, dass die Hamsterzüchterin, von der sie ihren bissigen Teddyhamster erstanden hatte, bei der Aufzucht ganz anders als normal vorgegangen sei. Sie habe das Tier mit der Pipette groß gezogen, denn seine Mutter sei zu früh gestorben. So habe dieser Hamster immer regelrecht um sein Leben und um sein Futter kämpfen müssen. Sie stelle ihm deshalb stets reichlich Körner zur Verfügung; in einer Glasdose bewahrte der Hamster selbst sogar einige Vorräte auf.

Für mich nahm die Biographie des bissigen Hamsters auf einmal Konturen an, und ich begann klarer zu sehen.

Daraufhin bat ich sie, mir genau zu berichten, wann sie das erste Mal gebissen worden war und was sich exakt zugetragen habe. Die Hamsterbesitzerin kramte in ihren Erinnerungen herum. Das Tier habe vom ersten Moment an seinen Vorrat verteidigt, seitdem könne sie sich dem Käfig nur mit gemischten Gefühlen nähern. Sie glaubte, der Hamster würde denken, dass sie ihm etwas wegnehmen wolle.

Plötzlich erinnerte sie sich an ein Ereignis genauer. Als sie einmal den Käfig reinigen wollte, einschließlich seiner Glasdose mit den gesammelten Vorräten, habe der Hamster unvermittelt zugebissen. Von diesem Moment an habe sie der Gedanke nicht mehr losgelassen, er würde wieder beißen. Genau dies sei in der Folge auch geschehen. Plötzlich konnte ich die Hamsterbesitzerin vollkommen verstehen. Sie öffnete sich noch weiter. Schließlich gab sie zu, sie sei wütend auf den Hamster. Sie gäbe ihm das beste Futter und habe ihm einen prächtigen Käfig eingerichtet. Und das sei nun der Dank dafür. Mittlerweile sei sie zu allem fähig. "Wenn ihn niemand übernimmt, dann gebe ich ihn in den Zoo!", rief sie aus. Natürlich war mir sofort klar, worauf sie abzielte: Im Zoo werden Hamster als Schlangenfutter benutzt.

Ich überlegte hin und her, was ich tun konnte. Würde ich alle Hamster aufnehmen, mit denen Besitzer Schwierigkeiten hatten, so würde ich bald selbst einen Zoo aufmachen können. Um mich rückzuversichern fragte ich noch einmal nach, ob sie tatsächlich überlege, ihren Hamster als Schlangenfutter zur Verfügung zu stellen. Die Besitzerin des bissigen Hamsters bejahte heftig.

Schließlich entschied ich, bei ihr vorbeizuschauen, da sie in der Nähe wohnte. Und so stand ich eine kleine Weile später in der Wohnung der verzweifelten Teddyhamsterbesitzerin. Ich fragte noch einmal nach, ob sie tatsächlich bereit sei, ihren Hamster als Schlangenfutter zur Verfügung zu stellen. "Ja!" – Also bat ich sie, mir das gefährliche Monster zu zeigen, und nur Augenblicke später stand ich vor dem Käfig des Teddyhamsters. Große Knopfaugen schauten mich erwartungsvoll an. Ich teilte dem Hamster mit, gleichzeitig auf einer gefühlsmäßigen Basis und mit ruhiger, fester Stimme, dass ich ihm sein Futter nicht wegnehmen werde. Er werde *immer* mehr als genug Futter haben. Er würde stets *in Fülle und im Überfluss* leben. Nie würde es einen Mangel geben.

Der Hamster schien ungläubig seine Stirn hochzuziehen. Ich hörte ihn flüstern: "Das wäre mein Traum." Er teilte mir mit, er stehe unter Dauerstress, seit er auf der Welt sei. Er müsse ständig um sein Futter und sein Leben kämpfen. Ich sagte ihm wortwörtlich, dass dies Vergangenheit und endgültig vorbei sei. Er lebe bei seiner Besitzerin im Schlaraffenland. Jedes Mal, wenn jemand die Hand in seinen Käfig halte, dann geschehe das nur, um ihm etwas *Gutes* zu tun. Das passiere nur, um ihm Futter zu geben oder ihn zu streicheln. Dafür müsse er jedoch *dankbar* sein!

Was passierte? Der Hamster, der sich bislang in seinem Vorratsglas aufgehalten hatte, kroch daraus hervor! Die Besitzerin stand stumm daneben und hörte nur zu.

Daraufhin begab ich mich auf Augenhöhe mit dem Tier und sagte vollkommen bestimmt, er müsse ab sofort mit dem Beißen aufhören. Wenn er noch einmal beiße, bringe ihn die Besitzerin in den Zoo, wo er an Schlangen verfüttert werden würde. Der Hamster sprang hin und her und schaute mich nur an.

Ich bat die Besitzerin nun um etwas Käse und Körner, dann machte ich den Käfig auf. Langsam reichte ich dem Teddyhamster den Käse. Er nahm ihn sofort an. Meine Hand mit den Körnern hielt ich ruhig. Er stieg auf meine Hand und "hamsterte", was das Zeug hielt. Ich sagte ihm, er werde feststellen, dass frisches Futter besser sei als sein gesammeltes Futter, das er so hartnäckig bewache. Und ich wiederholte: Er werde immer *mehr als genug* haben. Der Teddyhamster hörte auf, seine Backen vollzustopfen und schaute mich nur an. Ich lachte.

Die Besitzerin staunte nicht schlecht. Ich sagte ihr, sie solle ihm immer wieder mitteilen, dass er bei ihr im Paradies lebe und *immer mehr als genug* habe.

Um die Geschichte abzukürzen: Von diesem Moment an biss der Hamster nie mehr zu.

Sprache, Gedanken und Gefühle

An diesem kleinen Beispiel kann man erkennen, wie die Gedanken und die Gefühle im Unterbewusstsein der Besitzerin den Hamster "erschufen". Sie formte ihn, ohne es zu wissen. Der Hamster geriet zu dem, was die Besitzerin fest glaubte. Zuerst ließ sich die Besitzerin von der Züchterin beeinflussen. Diese hatte ihr zu verstehen gegeben, dass es sich bei diesem Hamster um ein Tier handele, das ständig um sein Leben und Futter gekämpft habe. Die Folge: Sie empfand Mitleid. Und sie war verunsichert. "Dieser Hamster wird kämpfen!", dachte sie unaufhörlich. Und so tat er es denn auch.

"Hoffentlich erhält er genug Futter", funkte die Besitzerin zudem wieder und wieder zu dem Tier hinüber. Auch dies wurde praktisch 1:1 von dem Hamster widergespiegelt, denn er fürchtete ständig um sein Futter.

Ein paar wichtige Anmerkungen zu der Gefühlswelt der Hamsterbesitzerin: Da sie Mitleid mit dem Tier empfand, stolperte sie gleich zwei Mal in eine Falle. *Mitleid* ist nicht *Mitgefühl*. Bei Mitleid erniedrigt sich der Mensch, der diese Emotion oder dieses Gefühl ausströmt, selbst, er macht sich klein und schwach. Diese Emotion ist elend mit einem Wort. *Mitgefühl* dagegen ist neutral, es handelt sich einfach um echtes Verständnis.

Wirklichkeit und Wahrheit

Im Übrigen ließ sich die Besitzerin durch mich beeinflussen. Sie änderte ihre Gedanken, während sie mich mit dem Hamster reden hörte. Sie erkannte mit einem Mal, dass man eine Wirklichkeit *projizieren* kann.

Worin bestand diese neue Wirklichkeit?

Nun, fest stand plötzlich, der Hamster lebte in einem Paradies und würde immer genügend Futter und Liebe erhalten. Und wenn die Besitzerin ihre Hand künftig in den Käfig halten würde, so würde der Hamster wissen, dass ihm etwas Gutes bevorstand. Auf diese Weise nahm eine neue Wirklichkeit Platz ein. Sie wurde einfach "geschaffen" oder "hingesetzt".

Aphoristisch ausgedrückt heißt das: Wirklichkeit muss nicht "wahr" sein. Eine neue Wirklichkeit kann mit Gedanken allein geschaffen werden. Das aber bedeutet wiederum:

Ändere die Art, wie du Dinge und Umstände betrachtest, und die Dinge und Umstände werden sich ändern.

Scheinbar handelt es sich um reine Magie. Aber, verflixt, wie haben wir dann eigentlich die *Sprache* zu betrachten? Was ist Sprache eigentlich und wie etabliert sie sich?

Mit diesen Fragen stehen wir mit einem Bein bereits im nächsten Kapitel.

5.

WAS SPRACHE EIGENTLICH IST

Wir alle glauben zu wissen, was eine mündliche Kommunikation ausmacht: das gesprochene Wort. Wir sind als Menschengeschlecht sehr stolz auf den Umstand, dass es so viele (Menschen-)Sprachen gibt, wie Mandarin, die chinesische Hochsprache, Englisch, Deutsch, Französisch, Spanisch und so fort. Manchmal beherrschen einige Zeitgenossen sogar fünf, sechs und mehr Sprachen, fließend, in Wort und Schrift. Sie gelten als Sprachgenies.

Aber betrachten wir die gesprochene Sprache noch einmal sehr viel genauer. Tatsächlich wartet am Schluss dieses Kapitels eine kleine Überraschung auf Sie ... Es existiert tatsächlich ein Bandbereich, wie man das nennen könnte, *über* der Sprache, der universal verstanden wird. Kein Linguist und kein Sprachwissenschaftler hat sich bislang hierüber ausgelassen oder intensiv damit befasst. Doch tragen wir zunächst einige Fakten zusammen, damit wir wissen, vor welchem Hintergrund wir uns bewegen.

Wie Sprache übertragen wird

Sprache wird übertragen 1. über das Auge, 2. über das Gehör, 3. über andere Sinne und 4. über weitere Wahrnehmungskanäle, wie wir bereits wissen. Um das ein wenig zu erläutern: Andere Sinne, wie der Tastsinn, können zur Erzeugung und Übertragung von Sprache ebenfalls benutzt werden. Ein Beispiel wäre die Blindenschrift.

Darüber hinaus gibt es zahlreiche weitere Wahrnehmungskanäle, über die der Mensch jedoch normalerweise wenig Erfahrung besitzt. Ich habe bereits darauf hingewiesen, dass einige Tierarten über die Fähigkeit verfügen, Magnetfelder wahrzunehmen. Sie benutzen ihren Magnetsinn, womit sie das Erdmagnetfeld "fühlen" können. Damit können sie sich orientieren und den Ort bestimmen, an dem sie sich befinden. Zugvögel beispielsweise haben diesen Magnetsinn, der jedoch bislang kaum oder zu wenig erforscht wurde. Selbst einige Bakterienarten verfügen über diese Fähigkeit.

Systematisch nachgewiesen wurde der Magnetsinn bisher bei 50 (Tier-)Arten, so bei Termiten, Ameisen, Wespen, Honigbienen, Krebstieren, Reptilien, europäischen Aalen, verschiedenen Lachsarten, Waldmäusen, Goldhamstern, Hauspferden und ... sogar Haushühnern. Erst 2005 bewies man wissenschaftlich, dass Küken "Mutter Haushuhn" mit Hilfe des Magnetfeldes wiederfinden können.[1] Zweifellos handelte es sich hierbei um eine Art der Kommunikation.

Flugvögel verfügen über einen regelrechten Magnetkompass. Sie können zwischen magnetischen Feldlinien unterscheiden, die in Richtung der Pole verlaufen, aber auch jenen, die sich am Äquator ausrichten. Man vermutet, dass die Netzhaut der Sitz des Empfängermagnetfeldes ist, andere Forscher nehmen an, dass im Schnabel magnetische Rezeptoren sitzen.[2] Das letzte Wort im Lager der Wissenschaftler ist noch nicht gesprochen.

Völlig überrascht waren viele Wissenschaftler, als sich herausstellte, dass selbst Hunde und einige Affenarten Magnetfelder wahrnehmen können – entsprechende Molekülrezeptoren sitzen hier im Auge. Selbst hundeartige Raubtiere verfügen über diesen Magnetsinn. Untersucht werden im Moment Wolf, Fuchs und Dachs etwa. Füchse beispielsweise sind bei der Mäusejagd besonders erfolgreich, wenn sie ihre Beute in Nordostrichtung anspringen.[3] Wie der Magnetsinn in Bezug auf Kommunikation genau funktioniert, ist jedoch noch weitgehend unerforscht. Wieder andere Tiere können elektrische Wellen aussenden. Einige Fischarten könnte man in diesem Zusammenhang benennen. Bakterien und Ameisen dagegen tauschen chemische Informationen aus. All das fällt unter das Kapitel Kommunikation.

Die häufigste Art, wie Sprache übertragen wird, geschieht jedoch durch Töne. Sprache, die über das Gehör wahrgenommen wird, erfordert einen Sender, der Töne erzeugen kann, und einen Empfänger, der Töne empfangen kann. Töne reisen über ein physikalisches Medium, die Luft, vom Sender zum Empfänger. Töne können auf höchst unterschiedliche, mechanische Art und Weise erzeugt werden; die Kontrolle von Luftströmungen innerhalb eines Raumes ist hierzu nötig, und diese Kontrolle kann innerhalb von Tier- oder Menschenkörpern ausgeübt werden.

Menschen erzeugen und modulieren Töne auf unterschiedliche Art. Wir können dazu die Lippen benutzen; in diesem Fall spricht der Fachmann von Labiallauten (= Lippenlauten, im Lateinischen bedeutet labium = Lippen). Bei Gutturallauten (lat. guttur = Kehle) sind die Kehle und der Gaumen dafür verantwortlich, wie ein Ton klingt.

In der Tierwelt werden auf alle möglichen Arten Töne erzeugt. Singvögel sind besonders bekannt dafür, dass sie zahlreiche Töne/Melodien hervorbringen können, einige Vögel können sogar zweistimmig zwitschern. Während beim Menschen die Stimmbän-

der im Kehlkopf sitzen und Laute erzeugen, verfügen einige Vogelarten über einen (oberen) Kehlkopf, der den Luftstrom reguliert,
und einen unteren Kehlkopf. Die Luftröhre hat bei diesen Vögeln
zwei Äste, die sich beide an dem unteren Kehlkopf befinden. Mit
Hilfe der Muskeln können einige Vogelarten diese *beiden* Äste kontrollieren, und so ist es ihnen möglich, zweistimmig zu zwitschern
und zu singen. Beneidenswert! Der Buchfink, die Amsel und einige
Vertreter der Drosselfamilie verfügen über dieses Talent.

Beobachtet man systematisch Möwen, so erkennt man schon
nach recht kurzer Zeit, dass sich diese Vögel ebenfalls mittels
Tönen unterhalten und austauschen. Sie haben unterschiedliche
Arten von Tönen in ihrem Repertoire. Sie können empört krächzen
oder aufgeregt, mit bestimmten Tönen können sie andere Artgenossen herbeirufen und auf etwas aufmerksam machen, auf eine
Futterquelle zu Beispiel. Allein das Krächzen der Möwen wurde nie
systematisch untersucht und auf die Kommunikationsinhalte hin
abgeklopft. Die Töne der einen Möwe können kurz hintereinander,
unaufhörlich und also über eine längere Zeit zu hören sein –
während eine andere Möwe nur ein einziges Mal und kurz einen
entsprechenden Laut ausstößt.

Die Wiederholung,
die Häufigkeit und
die Intensität
schaffen völlig unterschiedliche Töne und damit Signale. Wieder erkennen wir, dass wir noch völlig am Anfang der Forschung
stehen, was Tiersprachen angehen.

"Technisch" formuliert darf man es so ausdrücken:

**Gesprochene Sprache/ Töne/Laute erfordern geordnete Ma-
terie, Energie, Zeit und Raum.**

Das hört sich vergleichsweise kompliziert an, ist es aber nicht.
Lassen Sie es mich ein wenig erläutern: Gesprochene Sprache
befindet sich immer innerhalb eines *Raumes* – das ist in unserem

Fall der Tier- oder Menschenkörper. Töne werden durch die Kontrolle der Luft innerhalb dieses Raumes erzeugt – im Kehlkopf normalerweise. Die Luft wird so herausgepresst, dass unterschiedliche Töne erzeugt werden können. Diese Töne bestehen aus winzigen *Energie-* oder *Materie*-Partikeln.

Diese *Energie*-Partikel (oder *Materie*-Partikel) werden von einem Sender an einen Empfänger übermittelt. Das "Wort" oder der "Ton" wandert durch die Luft, von einem Mund zu einem Ohr oder von einem Tiermaul zu einem Tierohr. (Oder, wenn ein Tier zu einem Menschen zu sprechen versucht, von einem Tiermaul zu einem Menschenohr.)

Das passiert im Rahmen einer bestimmten *Zeit*. Der Sender sendet seine Botschaft (die Partikel), *bevor* sie an das Ohr des Empfängers gelangt. *Bevor* ist eine Vokabel, die auf die *Zeit* hindeutet. Und der gesamte Vorgang findet innerhalb einer bestimmten *Ordnung* statt.

Wenn wir jetzt den Satz in seiner relativ abstrakten Formulierung wiederholen, wird er endgültig klar:

Gesprochene Sprache/Töne/Laute erfordern geordnete Materie, Energie, Zeit und Raum.

Die 66.000-Dollar-Frage lautet nun: WER installierte diese Ordnung innerhalb von Materie, Energie, Raum und Zeit?

Aber bevor wir uns zu dieser letzten und höchsten aller Fragen aufschwingen, sollten wir noch ein weiteres schier unglaubliches Beispiel von gesprochener Sprache in der Tierwelt untersuchen.

Walgesänge

Zumindest ansatzweise erforscht ist der "Walgesang", der ebenfalls auf eine Sprachfähigkeit hindeutet. Ich habe bereits in meinem Buch *Wie du mit Hunden sprechen kannst* darauf aufmerksam gemacht. Wale können schlecht sehen und riechen, aber sie orientieren sich offenbar hervorragend durch Töne. Diese Töne, diese "Walgesänge", wurden bereits durch Unterwassermikrofone aufgenommen und für Menschen hörbar gemacht.

Wiederholen wir: Menschen bringen Töne (und also gesprochene Sprache) hervor, indem sie Luft durch den Kehlkopf strömen lassen. Im Kehlkopf befinden sich schwingungsfähige Hautfalten, die durch Luft aus dem Brustkorb in Schwingungen versetzt werden. Der Mensch kann viel oder weniger Luft durch diesen Kehlkopf pressen, er kann ihn öffnen und schließen. Natürlich spielen in der Folge auch die Lippen, die Zunge, die Kehle und der Gaumen eine Rolle, auch das haben wir bereits gehört. Aber grundsätzlich ist die Kontrolle der Luft durch einen Kehlkopf, durch einen eigenen "Sprechapparat", entscheidend.

Bei den Walen entstehen Töne ebenfalls durch die Kontrolle der Luft. Bei einer bestimmten Walart, die Klick- und Pfeiftöne von sich gibt, entstehen eben diese Töne durch eine Raumstruktur im Kopf, in der sich mehrere Luftsäcke befinden, in denen Luft gespeichert werden kann. Und so gibt diese Walart gewisse Töne von sich, indem sie die Luft innerhalb dieser Raumstruktur kontrolliert.

Noch einmal: Um Töne zu produzieren, benötigt man 1. einen Raum und 2. die Kontrolle über die Energie in diesem Raum, die Luftenergie in unserem Fall. Weiter muss man den Fluss, die Richtung und die Stärke dieser Energie in diesem Raum kontrollieren können. Und so entsteht die gesprochene Sprache, auch bei Walen. Die *gesprochene* Sprache ist ein physikalisches

Phänomen, das nicht ohne Raum und Energie denkbar ist – ich habe es bereits gesagt.

Theoretisch und praktisch gibt es also Zehntausende von Möglichkeiten zu "sprechen", denn Raum ist allenthalben vorhanden und auch die Kontrolle über Luftenergie kann man sich auf zahlreiche Arten vorstellen, nebenbei bemerkt innerhalb und außerhalb eines Organismus.

Eine spezielle Walart, auch so viel hat man inzwischen zweifelsfrei festgestellt, benutzt Klicklaute, um sich mithilfe des Echos zu orientieren und zu bestimmen, wo sie sich befindet. Andere Walarten verfügen sogar über zwei Paare dieser "Raumstrukturen" in ihrem Kopf, weshalb sie *gleichzeitig* zwei Töne produzieren können. Das erinnert uns an unsere Amseln, Finken und Drosseln. Stellen Sie sich nur einmal vor, wir Menschen könnten zwei verschiedene Sätze aus unserem Mund strömen lassen, zum selben Zeitpunkt, oder wir würden über zwei Münder verfügen ... Eine Walart ist uns also in dieser (sprachlichen) Hinsicht überlegen.

Unzweifelhaft ist darüber hinaus, dass sich auch Wale Signale geben, mittels Tönen. Tatsächlich ist der "Walgesang", der manchmal sich wiederholende Strophen beinhaltet, immer noch nicht endgültig erforscht, aber man weiß immerhin, dass es sich dabei um *Kommunikation* handelt. Es handelt sich auch ganz zweifellos um eine Sprache, wenn wir auch die Inhalte noch nicht perfekt deuten können.

Die Entdeckung: Intellekt und Intelligenz bei Tieren

Es erfordert auf Seiten des Senders Intellekt und Intelligenz, um Töne (und die gezielte Unterbrechung von Tönen) hervorzubringen und mit einer Bedeutung zu versehen. Es erfordert aber auch auf Seiten des Empfängers Intellekt und Intelligenz, um diese Töne (und die gezielte Unterbrechung von Tönen) zu entschlüsseln oder zu dechiffrieren und die Bedeutung zu verstehen.

Was aber heißt das im Klartext?

Nun, jede Tiersprache erfordert ein Mindestmaß an Intellekt und Intelligenz. Bislang aber wurde nur dem Menschen eine hohe Intelligenz zugebilligt, wenn er auch – oft recht überheblich – eingesteht, dass selbst Hunde, Affen, Delphine, Elefanten und ein paar andere Tierarten mehr über eine relativ hohe Intelligenz verfügen.

Dabei darf man jedoch nie vergessen, dass "Intelligenz" von den Herren Psychologen oft recht willkürlich definiert wird. Im Grunde genommen werden nur *menschliche* Maßstäbe angelegt. Das heißt, diese ach so beliebten "Intelligenztests" – es gibt zahlreiche Variationen – legen stets nur Kriterien an, die dem Menschengeschlecht gerecht werden. Wer aber sagt uns denn, dass dies die einzigen Kriterien sind, mit denen man Intelligenz messen kann? Gewöhnlich handelt es sich um mathematische und sprachliche Intelligenztests, mit denen unsere Schüler traktiert werden.

Aber abgesehen von diesen (für Tiere) unzureichenden (Menschen-) Tests, ist es erstaunlich, dass einige Tierarten selbst bei menschlichen Intelligenztests so schlecht nicht abschneiden. – Würden Tiere Intelligenztests entwickeln, würden die meisten Menschen völlig versagen nebenbei bemerkt.

Was aber ist die notwendige Schlussfolgerung? Nun, wenn bestimmte Tiere über Intellekt und Intelligenz verfügen – was verschiedene Tests zweifelsfrei beweisen –, dann müssen wir davon ausgehen, dass es sich bei dem Besitzer eines Intellekts ... um ein *Wesen* handelt. Anders ausgedrückt, wir müssen davon ausgehen, dass *Seelen* Tierkörper bewohnen.

Ist diese Schlussfolgerung nicht zwingend? Intelligenz kann nur *Wesen* zugeschrieben werden, nie totem Gestein oder unfühlender Materie.

Unversehens befinden wir uns damit auf dem schlüpfrigsten Parkett, das wir uns vorstellen können. Tiere verfügen über eine Seele? Oh nein! Der Mainstream-Wissenschaftler wird spätestens an dieser Stelle die Hände über dem Kopf zusammenschlagen, dabei sind die Beweise erdrückend. Aber sie passen natürlich nicht in das gängige Weltbild.

Das Gebiet Tiersprache aber wird auf einmal immer interessanter, es wird geradezu brennend interessant. Aber bevor wir hierauf weiter eingehen, sollten wir zuerst die generelle Sprachfähigkeit der Tiere noch etwas genauer untersuchen.

Der Intelligenzquotient

Natürlich verfügen die diversen Tierarten und Tiere über eine *unterschiedliche* Intelligenz. Grundsätzlich gilt:

Je genauer innerhalb einer Sprache differenziert werden kann, umso höher ist der notwendige Intellekt.

In der englischen Sprache existieren über 900.000 Vokabeln. Um nur einen Bruchteil davon zu verstehen und "Englisch" in den notwendigsten Grundzügen zu kennen, benötigt man die Kenntnis von 300 Wörtern. Schon mit 5000 Wörtern kann man sich recht gut unterhalten und "Zeitung" lesen. Gelehrte verfügen gewöhnlich über einen Sprachschatz von ca. 50.000 Wörtern. Aber wie gesagt: Schon allein die Kenntnis von 300 Wörtern ist beachtlich.

Tiere verfügen nicht selten über (optische, akustische und andere) Ausdrucksweisen, die 300 Varianten bei weitem übersteigen.

Und so kann man erneut den Schluss ziehen, dass es durchaus so etwas wie intelligente Tierarten gibt und innerhalb dieser Tierarten manchmal sogar über die Maßen begabte Einzelexemplare. Der Intelligenzquotient bei Tieren variiert also.

Weiter gilt für die akustischen Sprachen: Je präziser zwischen verschiedenen Arten von Tönen (Lauten) unterschieden wird, umso mehr Möglichkeiten eröffnen sich, Wörter (und also unterschiedliche Bedeutungen) voneinander abzugrenzen. Daraus folgt: *Differenzierung* ist notwendig. Zur Differenzierung ist jedoch wieder ... Intellekt notwendig. Intellekt geht Sprache immer voraus, und je höher der Intellekt, umso mehr sprachliche Ausdrucksformen sind möglich.

Aber Intellekt und Intelligenz besitzen wie gesagt nur Wesen/ Geister/Seelen ... welchen Ausdruck Sie auch immer bevorzugen.

Die Hierarchie oder die Reihenfolge, die notwendig ist, um überhaupt so etwas wie gesprochene Sprache zu besitzen, lautet mithin:

1. Seele/Geist/Wesen

2. Intellekt

3. Sprache

Erst muss es eine Seele, einen Geist oder ein *Wesen* geben, dem wir *Intellekt* zugestehen, so dass sich schließlich *Sprache* entwickelt.

Wenn wir also Tiersprachen untersuchen, sollten wir die Seele/den Geist/das Wesen mehr beachten, denn das ist die grundlegende Voraussetzung.

Welche Konsequenzen diese Hierarchie besitzt, dazu gleich mehr.

Menschensprachen versus Tiersprachen

Die zwölf meistgesprochenen Sprachen auf Planet Erde sind momentan:

1. Chinesisch/Mandarin (1210 Millionen Sprecher)
2. Englisch (573 Mio.)
3. Hindi (= die neuindische Amtssprache, das Wort *Indien* steckt in *Hindi*, 418 Mio.)
4. Spanisch (352 Mio.)
5. Russisch (242 Mio.)
6. Arabisch (209 Mio.)
7. Bengalisch (= wird unter anderem in Bangladesch und Indien gesprochen, 196 Mio.)
8. Portugiesisch (182 Mio.)
9. Indonesisch (162 Mio.)
10. Französisch (131 Mio.)
11. Japanisch (126 Mio.)
12. Deutsch (110 Mio.)

Kaum bekannt ist, dass auf der Erde zwischen 6000 und 8000 Menschensprachen existieren. Da es über 10 Millionen Tier*arten* gibt, kann man davon ausgehen, dass es rund 10 Millionen Tiersprachen gibt.

Die Telepathie

Kommen wir nun zu dem springenden Punkt. Da es so viele Tiersprachen gibt, könnte man zunächst in Verzweiflung geraten. Wer kann, wer will all diese Sprachen entziffern und entschlüsseln? Theoretisch benötigten wir 10 Millionen Experten, und davon müsste jeder Hunderte von Jahren forschen. Glücklicherweise gibt es eine Universalsprache, die im Grunde genommen alle Menschen und alle Tiere sprechen: die *Telepathie*.

Worum handelt es sich hierbei?

Telepathie bedeutet, Gedanken und Gefühle auf eine andere Person zu übertragen – aus einer bestimmten Entfernung. *Tele* bedeutet im Griechischen *fern*, *páthos* so viel wie *Einwirkung*. Man spricht auch von *Ferneinwirkung*, *Gedankenlesen* oder *Gedankenübertragung*. Die Fähigkeit zur Telepathie, zum Gedankenlesen und zur Gedankenübertragung wird besonders begabten Menschen zugesprochen, aber auch viele "normale" Menschen haben das Phänomen schon am eigenen Leib erlebt. Im Fall von Tieren spricht man von Tiertelepathie. Vielleicht gibt es kein spannenderes Gebiet ...

Der Begriff Telepathie wurde von dem britischen Autor Frederic W. H. Myers 1882 geprägt, im Rahmen der renommierten Society for Psychical Research (SPR) in London. Das Ziel und die Mission dieser Organisation bestand und besteht darin, bestimmte "übernatürliche" Ereignisse und besondere Fähigkeiten, die normalerweise als "paranormal" apostrophiert werden, zu untersuchen. Ohne Vorurteil oder wissenschaftliche Arroganz wollte und will man bestimmten psychischen Phänomenen auf den Grund gehen.

Fieberhaft wurden damals schon Versuche angestellt, um zu beweisen, dass *Telepathie* existiert. Psychologen und Statistiker, Physiker und medial begabte Zeitgenossen machten sich daran, das Phänomen genauer unter die Lupe zu nehmen. Einige Universitäten richteten in der Folge sogar eigene Lehrstühle ein. Heute gibt es mehr als 20 verschiedene Organisationen, die in die gleiche Richtung forschen.

Biologen, Soziologen, Philosophen und Ethnologen stürzten sich auf das Fachgebiet. Das Ergebnis war immer das gleiche: Zahlreiche Male wurde die Existenz der Telepathie bewiesen. Bei einigen Urvölkern, wie den Aborigines in Australien, schien die Telepathie geradezu selbstverständlich zu sein.[4] Dennoch entbrannte ein heftiger Krieg zwischen einigen verbissenen akademischen Wissenschaftlern, die das Phänomen der Telepathie einfach nicht gelten lassen wollten, sowie Forschern, die längst klare Beweise hierfür erbracht hatten. Dieser Krieg dauert bis heute an.

Die Telepathie differenzierte sich in der Folge weiter und weiter aus. Einige medial begabte Personen im Bereich der Tiertelepathie verstanden sich hervorragend darauf, die Welt aus der Sicht eines Tieres zu verstehen. Um "Ungläubige" nicht vor den Kopf zu stoßen, sprach man in der Folge gern auch von "intuitiver Kommunikation".

Tiertelepathen stellten fest, dass höher entwickelte Tiere untereinander weitaus häufiger auf einer Gedankenebene miteinander kommunizieren, als man bisher angenommen hatte. Aber auch Menschen konnten mit Tieren auf eben dieser Ebene in Verbindung treten. Die "normale", das heißt die ursprüngliche Kommunikation schien die Telepathie zu sein. "Äußerungen" mittels des Mundes, des Maules oder optische Signale unterstützten lediglich telepathische Ausdrucksformen.

Viele Tiere, so stellten selbst Gegner der Telepathie fest, konnten Futter oder Wasser über gewaltige Entfernungen entdecken – ein Umstand, der kaum logisch zu erklären war, sprich im Rahmen rein physikalischer Gesetzmäßigkeiten. Es musste also eine Ebene oberhalb der Physik, außerhalb von Zeit, Raum, Materie und Energie geben.

Weiter entdeckte man, dass speziell kleine Kinder oft sehr ausgeprägte telepathische Fähigkeiten besaßen. Manchmal "unterhielten" sich Kinder mit unsichtbaren Wesen, Pflanzen und Tieren – auf einer Ebene, die nicht wissenschaftlich nachvollzogen werden konnte.

All dies lässt eigentlich nur einen einzigen Schluss zu: Die Sprache mittels Brustraum, Kehle, Gaumen und Lippen stellt lediglich eine Art *Ersatz* für die Telepathie war. Man muss annehmen, dass die intelligentere und "höhere" Form der Kommunikation, die ursprüngliche Kommunikationsfähigkeit ... die Telepathie ist.

Das ist in sich selbst ein erstaunliches Ergebnis! Gesprochene Sprache wäre in diesem Sinne nichts anderes als ein Behelfsmechanismus und eine niedere Form der Kommunikation. Vielleicht wurde Sprache nur entwickelt, um einer telepathischen Anordnung Nachdruck zu verleihen. Möglicherweise ist die gesprochene Sprache auch lediglich eine Bemühung, um eine Gruppenübereinstimmung zu definieren, zu zementieren und die Mitglieder eben dieser Gruppe auf eine bestimmte Sprache einzuschwören.

Denken Sie nur an die Bemühungen der Kaiser und Könige besonders im Mittelalter, aber auch an die der Nationen in der Neuzeit. Immer wurde darauf hingewirkt, dass innerhalb eines Landes eine *einzige*, bestimmte Sprache den Vorrang besaß. Gruppierungen und Nationen definieren sich förmlich durch eine gemeinsame Sprache oder eine "Amtssprache" – bis heute.

Und so können wir eine neue Theorie für die Entstehung der Sprache aus dem Hut zaubern: Möglicherweise war die gesprochene Sprache, die mittels Übereinstimmung geschaffen wurde und/oder mittels Befehl, nichts als eine Methode, verschiedene Individuen auf einen gemeinsamen Nenner zu bringen. Ein *gemeinschaftliches Gefühl* sollte geschaffen werden. Es handelte sich um einen zweiten Schritt vor dem ersten Schritt – der Telepathie.

Diese These würde die gesamten grundlegenden Annahmen der Sprachforschung revolutionieren. Die höchste Form der Kommunikation wäre somit die Telepathie, die keine physikalische Wellenlänge benötigt, um übertragen zu werden. Eine niedrige Form der Kommunikation ist die gesprochene Sprache mittels Wörtern.

Phänomene der Telepathie

Tatsächlich begegnen wir der Telepathie heute an allen Ecken und Enden, schier überall, in zahlreichen Ländern und zu vielen Zeiten. Sie ist keine Erfindung der Neuzeit oder einiger Science-Fiction-Autoren. Zugegeben, der Begriff stammt aus dem 19. Jahrhundert, aber die Tatsache selbst ist uralt.

Darüber hinaus hat jeder von uns schon gewisse Erfahrungen mit der Telepathie gemacht – wenn es um eine Person geht, die wir besonders lieben, wie die Mutter oder den Ehepartner oder die eigenen Kinder. Entfernungen spielen dabei keine Rolle. Wenn eine heiß geliebte Person nur unglaublich intensiv an uns denkt, so "spüren" wir oft den Gedanken. Vielleicht verscheuchen wir ihn oder weigern uns, ihn wahrzunehmen, aber trotzdem tänzelt er gewissermaßen um uns herum. Aber da wir rund 50.000 Gedanken jeden Tag unbewusst denken, wie einige Forscher behaupten, und da wir von Eindrücken bombardiert werden, gehen die telepathischen Signale oft unter.

Noch einmal: Tiertelepathie

Auch was Tiere betrifft, gibt es zahlreiche Beispiele für die Telepathie. Man spricht auch von Hellsehen, Hellhören, Hellfühlen, Hellschmecken, Hellriechen oder einfach von der Kunst, Gedanken zu lesen. Sogenannte *Tierkommunikatoren* operieren damit täglich. Sie können sich gewissermaßen mit dem "Geist" eines Tieres direkt in Verbindung setzen. Hochgestochene "wissenschaftliche Theorien" werfen sie einfach über Bord. Tatsächlich existieren längst zahlreiche Experimente, in denen bewiesen wurde, dass es möglich ist, mit Tieren direkt und unmittelbar in Kontakt zu treten.

Gegner der Tiertelepathie behaupten jedoch steif und fest, dass dies nicht möglich sei. Sie sprechen lieber von einem "Hundeflüsterer" oder einem "Pferdeflüsterer" und so weiter – um sich dem Phänomen zumindest anzunähern und eine "natürliche" Erklärung zu finden. Sie weisen auf die Körpersprache hin oder auf "intuitives" Verstehen. Aber die Wahrheit und nichts als die Wahrheit ist, dass diese *Think-Feel-Methode*, wie ich sie auch genannt habe, existiert. Ich selbst habe sie Hunderte von Malen, vielleicht Tausende von Malen persönlich erlebt und auch bei anderen Tierbesitzern beobachtet. Der springende Punkt ist: Mit Hilfe der Tiertelepathie kann man plötzlich Probleme ausräumen, die vorher unlösbar erschienen. Dazu habe ich ein spektakuläres Beispiel für Sie ...

6.

GEHEIMNISSE DER HUNDESPRACHE

Zahlreiche Hunde "unterhielten" sich bereits mit mir, es ist für mich fast so etwas wie eine Selbstverständlichkeit. Manchmal kann ich kaum verstehen, wie andere Menschen die Gedanken und Gefühle eines Hundes *nicht* empfangen können, denn sie liegen doch so offen zu Tage. Meines Erachtens ist es normal, mit Hunden Vorstellungen und Empfindungen auszutauschen. Unnormal ist es, sich *nicht* mit ihnen zu unterhalten. Manchmal empfange ich die Gedanken von Hunden während eines Spaziergangs, im ganz gewöhnlichen Alltag. Die Gedanken sind nicht immer spektakulär, sie beschreiben lediglich die Gefühle und Vorstellungen eines ganz bestimmten Hundes zu einem speziellen Zeitpunkt. Oft spreche ich jedoch mit Hunden, wenn Frauchen oder Herrchen bei mir Hilfe suchen. Seit 2016 führe ich eine Beratungsfirma, ein Grund, warum mich immer mehr Menschen aufsuchen, die Probleme mit ihren Tieren haben. Manchmal entsteht auf diese Weise ein außergewöhnliches "Gespräch" mit Hunden. Stellvertretend für viele andere Kommunikationen sei diese Episode vorstellt.

Das Mobbingopfer

Vor ein paar Jahren rief mich ein Hundebesitzer an, der mir mitteilte, dass sein Hund Opfer eines Mobbingvorfalls geworden sei. Noch einmal: Sein *Hund*, nicht er selbst! Er wollte von mir wissen, wie er seinen Hund am besten beschützen könne. Ich war zunächst erstaunt. Ich hatte schon von Mobbing in der Schule und am Arbeitsplatz gehört, aber im Zusammenhang mit Hunden war mir der Begriff fremd. Mobbing oder Mobben bedeutet Psychoterror oder beschreibt ätzende, ständige Kritik oder Schikane. Wenn es ums Internet geht, spricht man von Cyber-Mobbing.

Also fragte ich den Hundebesitzer zunächst, wie er zu dem Schluss gekommen sei, dass sein Hund gemobbt werde? Seine Antwort erstaunte mich. Er sagte, sein Hund habe einen entsprechenden Vorfall einer Tierkommunikatorin erzählt. Mein Interesse war geweckt. Ich lud den Herrn samt Hund zu mir ein und bat ihn, auch die Unterlagen über den Gesprächsverlauf mit der Tierkommunikatorin mitzubringen.

Der Hund, der anscheinend gemobbt wurde, war ein kleiner Havaneser-Malteser-Mix. Er stolzierte erwartungsvoll in mein Zimmer, blickte neugierig zu meinem Hund, der interessiert in seinem Körbchen saß, und legte sich dann auf seine Decke, die sein Herrchen vor ihm ausbreitete. Dann musterte der Mix meinen Hund ein zweites Mal, diesmal sehr genau. Daraufhin schaute er mich längere Zeit an. Ich erhielt sofort seine Kommunikation. Sie lautete, in Menschensprache übersetzt: "Bitte, bitte hilf mir! Keiner versteht mich. Mache meinem Herrchen klar, was sich wirklich abspielt. Niemand begreift Hunde tatsächlich. Uns Hunden geht es miserabel. Ich fühle mich wie in einer *Zwangsjacke*. Am liebsten würde ich sofort davonlaufen." So oder ähnlich flossen die Gedanken zu mir herüber, ein wenig frei interpretiert, denn eine *Zwangsjacke* ist schließlich ein Fachwort aus der Psychiatrie.

Ich beamte zurück: "Ich werde mein Bestes geben. Ich verstehe, was du mit *Zwangsjacke* meinst." Gleichzeitig zwinkerte ich ihm zu. Der kleine Havaneser-Malteser-Mix schaute mich hoffnungsvoll an. Sein Blick folgte mir, während ich Kaffee röstete. Währenddessen teilte ich ihm unbekümmert mit: "Natürlich weiß ich, dass du nicht das Problem darstellst. Du leidest lediglich unter dem Problem, das dein Herrchen erschaffen hat. Entspann dich ein bisschen. Ich werde alles versuchen, um deinem Herrchen die Augen zu öffnen. Und ich bewundere die Tatsache, dass du noch nicht davongelaufen bist. Viele Hunde laufen von zu Hause weg." Der Mix schien über das ganze Gesicht zu strahlen.

Nun bat ich ihn um seine Mithilfe. Konkret vereinbarte ich mit ihm, dass er immer dann unruhig auf seiner Decke hin- und herrutschen sollte, wenn sein Herrchen versuchte, sich selbst und somit auch mich anzuschwindeln. Das fand der Mix obercool, wie man im Jugendslang sagen würde.

Der Kaffee war fertig und duftete. Ich forderte den Hundebesitzer nun auf, mir die Unterlagen der Tierkommunikatorin zu geben. Außerdem sollte er mir sein konkretes Anliegen schildern und es noch einmal zum Ausdruck bringen. Der Hundebesitzer wiederholte, dass er nicht wisse, warum sein Hund ein Mobbingopfer sei. Er selbst bemühe sich stets, zu den anderen Hundebesitzern freundlich zu sein, trotz ihres oft rücksichtslosen Verhaltens. Er wolle in Erfahrung bringen, wie er seinen Hund beschützen könne.

Ich entschied, zuerst den Bericht der Tierkommunikatorin zu lesen. Die Aufzeichnungen enthielten in etwa folgendes Gespräch:

Tierkommunikatorin (TK): "Leg los, erzähl mir, was dich bedrückt."

Hund (H): "Bitte hilf mir. Ich fühle mich wie in einer Zwangsjacke. Keiner versteht mich. Niemand versteht uns Hunde."

TK: "Doch, ich verstehe dich. Was ist passiert? Was meinst du mit *Zwangsjacke?*"

H: "Ich liebe natürlich Hunde. Aber manche Spaziergänge sind stressig. Wenn sich mein Herrchen nicht ändert, wird der Stress bestehen bleiben."

TK: "Wie sieht denn so ein Spaziergang aus?"

H: "Ständig rennen fremde Hunde auf mich zu. Einmal hat ein freches Kerlchen mich gleich viermal berührt."

TK: "Was passierte genau?"

H: "Ich lief ohne Leine schön bei Fuß mit meinem Herrchen. Da klebte auf einmal wie aus dem Nichts die Nase eines fremden Hundes an meinem Hinterteil. Er schlich sich von hinten an, wie ein Feigling."

TK: "Und weiter?"

H: "Hätte mein Herrchen mich nicht direkt weggeführt und wäre er nicht schneller gelaufen, hätte ich das freche Kerlchen gepackt und auf den Rücken gelegt."

TK: "Verstehe. Und was passierte später?"

H: "Ein Auto kam daher. Ich setzte mich an den Wegrand und wollte das Auto vorbeilassen. Da kam das gleiche freche

Kerlchen und versuchte, mich anzurempeln. Sein Herrchen ließ ihn von der Leine. Das passierte, obwohl gerade das Auto heranfuhr. Oohh, ich regte mich auf."

TK: "Was ist weiter geschehen?"

H: "Zum Glück verjagte mein Herrchen das freche Kerlchen. Ich blieb sitzen und ließ das Auto vorbeifahren. Alles Mögliche hätte passieren können."

TK: "Weiter!"

H: "Ich begegnete dem Kerlchen noch zwei Mal. Beide Male befand es sich nicht an der Leine. Wie kann man ein so ungezogenes Kerlchen nur von der Leine lassen?"

TK: "Was geschah genau?"

H: "Das erst Mal glotzte das Kerlchen nur dumm. Ich bin sicher, wäre es auf mich zugerannt, hätte es sein Herrchen nicht zurückgerufen. Wenn doch, hätte es sich taub gestellt."

TK: "Und das folgende Mal?"

H: "Da kam er aus einem Gebüsch auf mich zugerannt, als hätte er mir aufgelauert.
Sah der schlecht? Ich lief prächtig bei Fuß mit meinem Herrchen. Mein Herrchen war so überrascht, dass er das Kerlchen nicht abwehren konnte. Also musste ich einen auf Löwe machen. Dem habe ich schön gezeigt, wem der Knochen gehört. Aber es war nötig. Doch daran hatte mein Herrchen gar keine Freude. Ich stecke in einer Zwangsjacke."

TK: "Kannst du dir vorstellen, ruhiger zu bleiben? Kannst du es gelassener nehmen?"

H: "Natürlich. Ich liebe Hunde. Aber ich befinde mich in einer Zwangsjacke. Mein Herrchen nimmt das übel."

TK: "Natürlich sollte dir dein Herrchen helfen. Ich werde deinem Herrchen empfehlen, dich zu beschützen. Oder dein Herrchen soll andere Wege nehmen. Möglich wäre es auch, dass du eine Hundespielgruppe besuchst. Dann könntest du deine Angst verlieren."

H: "Ohhh je!"

TK: "Ich verstehe. Dein Herrchen wird verschiedene Aktionen ausprobieren. Er wird dir helfen. Du kannst ihn unterstützen, indem du ruhiger bleibst und dich nicht sofort aufregst, wenn dir ein anderer Hund zu nahe kommt. Die meisten Hunde sind friedlich."

H: "Ich weiß, ich weiß."

TK: "Siehst du, dann wird alles gut werden. Danke für deine Offenheit."

So weit die Aufzeichnungen der Tierkommunikatorin, die nur in Stichpunkten ausgeführt waren und die ich lediglich des Verständnisses und der Lesbarkeit halber hier minimal abgeändert habe. Weiter muss man hinzufügen, dass Telepathie keine Grammatik kennt. *Grammatik* ist nichts anderes als das, worauf sich "Schriftgelehrte" einfach einigen. Es handelt sich um künstlich geschaffene Sprachregeln. Auch die Wörter innerhalb dieses Gespräches wurden so gewählt, dass sie hier, an dieser Stelle, glasklar kommunizieren, was zwischen Hund und Tierkommunikatorin ausgetauscht wurde. Telepathie kennt auch keine Wörter, sondern nur Konzepte und Ideen, die in einem Gesamtpaket von einem Punkt zum anderen "hinübergeworfen" werden.

So weit, so gut!

Das also war das Problem, dem ich mich gegenübersah: Ein Herrchen versuchte, seinen Hund vor dem Mobbing zu bewahren. Nun also war ich wieder gefragt. Die Tierkommunikatorin hatte offenbar zumindest anfänglich einen guten Job gemacht. Dennoch war das Problem nicht gelöst worden. Ich wusste, ich musste tiefer bohren. Also fragte ich den Herrn, was seine Meinung über andere Hunde und Hundehalter sei.

Er antwortete mir, er liebe Hunde und Hundehalter.

Sein kleiner Mix rutschte unruhig auf der Decke hin und her.

Ich beamte dem Mix ein "Danke" zu und versprach ihm, nicht locker zu lassen.

Dann fuhr ich fort und fragte, ob er sich über die Begegnungen mit anderen Hunden ehrlich freue.

Der Herr wich meinem Blick aus. Dann brach es plötzlich aus ihm heraus. Er antwortete, er könne keine Freude empfinden, wenn er sähe, wie schlecht andere Halter ihre Hunde erzögen. (Ehrliche Antwort)

Ich lobte ihn für seine Aufrichtigkeit.

Und so ging es hin und her, ich brauche nicht jedes Detail auszuführen. Das Gespräch nahm einen interessanten Verlauf. Der Hundebesitzer wurde immer offener und fasste Zutrauen zu mir. Ich meinerseits musste zugeben: Er war hochintelligent und im Grunde ein rechtschaffener Zeitgenosse. Schließlich erkannte er, dass er auf andere Hundehalter ein wenig arrogant herabblickte. Er gab zu, dass er sie für völlig unfähig hielt, was den Umgang mit Hunden anging. Im Grunde genommen wünschte er sie auf den Mond. Gleichzeitig gestand er, dass er sich hilf- und machtlos fühle.

"Genau wie ein Mobbingopfer?", fragte ich.

"Eben so! Jetzt weiß ich, was in meinem Hund vorgehen muss", gestand der Hundehalter auf einmal erstaunt.

Nun teilte ich ihm eine Einsicht mit, die ich bereits in meinem ersten Buch dargelegt habe ("Wie du mit Hunden sprechen kannst"). Ein Hund spiegelt grundsätzlich die Emotionen seines Herrchen oder seines Frauchens wider. Mit anderen Worten – was der Hundehalter fühlt, empfindet 1:1 auch sein Hund. Der Herr machte große Augen.

Es handelt sich hierbei tatsächlich um eine Erkenntnis, die man nicht oft genug wiederholen kann: **Hunde kopieren die Empfindungen ihrer Besitzer.**

Wenn man also etwas zum Positiven hin verändern will, muss der *Hundehalter* an sich arbeiten, man ändert nicht den Hund. Mein Gegenüber war noch immer sprachlos.

Eine weitere Einsicht, auf die ich bereits aufmerksam gemacht habe, besteht darin, dass man "Wirklichkeit" projiziert. **Man erschafft Realität. Realität ist nichts Objektives, sondern sie ist subjektiv.** Also fragte ich den Herrn schließlich ganz unschuldig, ob ihm klar sei, dass *er* diese Mobbinggeschichte selbst in die Welt gesetzt habe – mit seinen eigenen Gedanken. Mein Besucher stutzte. Schließlich sagte ich ihm auf den Kopf zu, dass *er* die anderen Hundehalter und Hunde in einem gewissen Sinne missbrauche. Darunter müsse in der Folge sein Hund leiden. Aber offenbar hatte ich damit die Butter etwas zu dick aufs Brot geschmiert. Jedenfalls wehrte sich dieser Hundebesitzer zunächst dagegen und protestierte lebhaft. Der Mix, sein Hund, rutschte jedoch wieder auf der Decke hin und her.

Ich hielt den Mund und blickte ihn eine Weile einfach nur an. Dann wiederholte ich, dass *er* die anderen Hundehalter und

Hunde missbrauchen würde. Sein Fehler bestünde darin, dass er sich für etwas Besseres halte. Er glaube, nur er verfüge über einen fantastisch gut erzogenen Hund – im Gegensatz zu den anderen Hundehaltern.

Starker Tobak!

Ich ließ ihm Zeit, damit meine Worte in ihn einsinken konnten. Ich wusste, ich hatte ihn hart angefasst, wenn auch nur mit den besten Absichten.

Eine Weile sprach er nichts. Endlich nickte er. Er erlaubte es sich zu erkennen, dass seine *eigenen* Gedanken die Ursache für das Dilemma waren, dass er (und sein Hund) gemobbt wurden. Seine *Gedanken* waren der Grund dafür, dass er sich die Täter gewissermaßen in die Realität gezogen hatte. Seine Hybris, seine Arroganz, seine Überheblichkeit spielten eine gewichtige Rolle.

Auf einmal prasselten die Erkenntnisse nur so auf ihn nieder. Endlich gestand er, dass er tatsächlich *andere* benutzte, damit er *sich selbst* besser fühlen konnte. Er erkannte weiter, dass eben dadurch seine Spaziergänge zur Hölle gerieten. Aber er erkannte noch einmal, dass niemand anders als er selbst die Ursache war. Die anderen Hunde erschienen quasi "wie aus dem Nichts". Nun, deutlicher hätte er sich nicht ausdrücken können.

Ich bedankte mich schlussendlich für seine Ehrlichkeit. Noch einmal führte ich aus, dass *er* diese speziellen Gedanken über das Mobbing in sein Leben und in die Realität gerufen habe, *nicht* sein Hund. Die anderen Hunde würden ihm nur gehorchen. Sie würden ihm dienen, damit er erkenne, wer er sei und was er denke und fühle. Er missbrauche andere, um sich selbst auf ein höheres Podest zu stellen. Und sein Hund müsse das nun alles ausbaden. Keine freundlichen Worte meinerseits! Persönlich nehme ich an, dass dem Hundehalter in diesem Augenblick die Tränen gekommen wären, hätte man ihm nicht in der Kindheit eingebläut, dass ein "richtiger Mann" nicht weint.

Schließlich fragte er mich einigermaßen verzweifelt, was er dagegen unternehmen könne. Ich antwortete ihm, dass die Heilung bereits eingesetzt habe. Durch seine Einsicht sei der Grundstein gelegt. Plötzlich fing er tatsächlich an, sein Aussehen zu verändern; er sah freundlicher aus. Zugleich begann er, andere Strömungen auszusenden. Etwas Fundamentales war angerührt worden.

Ich teilte ihm mit, er solle sich bei sich selbst bedanken, dass er die Einsicht zugelassen habe, und in Zukunft solle er gedanklich die Hundehalter umarmen und sich auch bei ihnen bedanken. Immer hätten sie ihm dazu gedient, sich selbst ein Stück zu erkennen. In Zukunft könne er nun mit ihnen auf Augenhöhe verkehren. Sein Hund hätte sich tatsächlich in einer Zwangsjacke befunden, aber sein Mix benötige keinerlei Schutz.

Noch einmal realisierte dieser Hundehalter, dass sich sein Hund so fühlte, wie er selbst empfand. War er wütend, so fühlte auch sein Hund Wut. War er traurig, wurde auch sein Hund von Trauer gepackt.

Ich empfahl ihm weiter, folgende *Gedanken* in sich einzulassen: Frieden, Freiheit, Freude, Gesundheit und Dankbarkeit. Weiter teilte ich ihm mit, dass wir Menschen nicht in einem Konkurrenzkampf leben. Das Zauberwort heiße *Kooperation*. Jeden Tag solle er sich testen, ob er die richtigen Gedanken aufnehme. Auf diese Weise könne er am schnellsten erkennen, ob er sich auf dem richtigen Pfad befände.

Der Mix wedelte vor Freude mit dem Schwanz. Er sah mich an, leckte mir sozusagen mental über das Gesicht und versprach, mir beim nächsten Treffen seinen größten Knochen mitzubringen. Ich beamte ihm ebenfalls meinen Dank hinüber, immerhin hatte er mitgeholfen, den Fall zu lösen.

Analyse

Nun mag diese Geschichte für den Leser möglicherweise reichlich unglaubwürdig klingen, was ich hier mit flotter Feder niederschreibe. Ich gebe zu, dass sie vielen unreal erscheinen mag. Es ist jedoch zumindest möglich, die Grundvoraussetzungen zu akzeptieren und sie sich geistig einzuverleiben.

Hunde spiegeln tatsächlich die Emotionen des Herrchens und des Frauchens wider. Und Realität etabliert sich wirklich durch die Gedanken, die wir aussenden und "hinsetzen". Allein mit diesem Handwerkszeug bewaffnet könnte man zahlreiche Fälle lösen, was Probleme mit Tieren und speziell Hunden angeht.

Es ist freilich eine heikle Angelegenheit, einen Hundehalter zu der Erkenntnis zu führen, dass er die Probleme selbst erschafft. Manchmal helfen intelligente, einfühlsame Fragen. In diesem Fall aber wich ich ein wenig ab von meinem normalen Vorgehen: Ich bewertete einfach.

Theoretisch könnte man abraten, sich eben dieser Vorgehensweise zu bedienen.

Wie gefährlich Bewertungen sind, erkennt man an der Psychoanalyse. Hier wird fröhlich alles auf den Sex und das Verhältnis zu den Eltern reduziert – nicht immer, aber oft, zu oft. Und so bleiben Patienten an falschen "Bewertungen" kleben, die sie im Extremfall sogar mental ruinieren können. Absolut ideal ist es dagegen, wenn eine Person selbst "auf den Trichter" kommt, selbst eine Einsicht hat.

So viel konnte ich immerhin als gemeinsamen Nenner feststellen: Worüber auch immer sich das Herrchen oder das Frauchen beschwerte – das Problem war von dem Hundehalter selbst erschaffen worden und betraf mehr ihn/sie selbst, als dass man das Tier dafür hätte verantwortlich machen können.

Das entscheidende Gespräch mit meinem Hund

Ich möchte noch einmal kurz auf meine Biographie zu sprechen kommen, denn sie zeigt schön auf, wie sich mein Verhältnis zu Hunden plötzlich zu verändern begann und worauf ich genau abziele.

Inka, wie mein Hund hieß, streifte eines Tages vergnügt mit mir durch den Wald. Als sich die Zweige ein wenig lichteten, blieben wir stehen. Unversehens passierte dies: Wir schauten uns mit einem Mal direkt und unmittelbar an. Da durchzuckte es mich wie ein Blitz: Wir schauten uns scheinbar lediglich in die Augen, aber in Wahrheit blickten wir uns in die Seele. Inka schien dabei vor Glück zu strahlen. Auf seltsame Art und Weise fühlten wir, dass eine Verbindung zwischen uns bestand, die weit über eine normale Verbindung hinausging. Um uns herum war kein Laut zu hören. Auf einmal kam ein sanfter Windhauch auf. Er blies zart über uns hinweg. Es war reine Magie.

Urplötzlich änderte sich jedoch die Atmosphäre. Der Zauber, der uns gerade noch umfangen hatte, war auf einmal wie weggeblasen. Der Wind wirbelte Inkas Fell auf, und ihr Blick wirkte eigenartig leer. Dunkle Wolken, mentale Wolken, zogen herauf. Jede Glücksempfindung verschwand. In meiner Brust machte sich ein beklemmendes Gefühl breit. Ich war verwirrt. In diesem Moment sandte mir Inka ein Bild, genauer gesagt handelte es sich um einen ganzen Film.

Ich stutzte, denn so etwas hatte ich noch nie erlebt. Ich erkannte den Innenhof eines Gefängnisses. In der Mitte stand der Aufseher. Um ihn herum marschierten die Sträflinge im Kreis. Alle trugen sie die typische gestreifte Gefängniskleidung. Die Insassen mussten mal schneller, mal langsamer marschieren, wie es eben der Aufseher befahl. Einer der Gefangenen lief jedoch auf einmal davon, fort aus dem trostlosen Kreis der trottenden

Gestalten. Ein zweiter Aufseher holte den ungehorsamen Sträfling sofort zurück.

Zunächst verstand ich – gar nichts. Dann fiel es mir wie Schuppen von den Augen.

In eben dieser Situation befand sich meine Inka. Sehr viel früher hatte ich sie genau auf diese Art und Weise manövriert, kontrolliert und gegängelt, ich hatte sie behandelt wie einen Sträfling, als ich mit ihr *longierte*. Mit einer *Longe* bezeichnet man eigentlich eine Laufleine für Pferde, aber an dieser Stelle will ich den Ausdruck auch auf die Hundewelt anwenden.

Ich erinnerte mich, dass Inka damals, zu dem früheren Zeitpunkt, einfach ausgebüxt und davongelaufen war, als ich sie im Kreis herumgeführt hatte. Ein Gefühl abgrundtiefer Scham hatte mich daraufhin überfallen, denn die Situation war hochnotpeinlich. *Ein Hund lief von mir fort?* Und wie erst musste sich Inka vorgekommen sein! Wie ein Sträfling?

Ich hatte damals alle möglichen Informationen über Hunde einfach unbesehen übernommen. Eine Information lautete, dass Longieren empfehlenswert sei, ja dass es erst dann gewissermaßen seinen Höhepunkt erreichte, wenn der Mensch seinen Hund mit einem bloßen Augenzwinkern nach rechts oder links im Kreis lotsen und umherbewegen konnte.

Als mir die Botschaft Inkas vollständig bewusst wurde, ging ich sofort in die Hocke. Inka blickte mich noch immer aufmerksam an. Ich streichelte sie sanft. In Gedanken entschuldigte ich mich bei ihr. Gleichzeitig versprach ich ihr, sie niemals mehr im Kreis herumzuführen, auch keinen anderen Hund.

Inka leckte mir daraufhin liebevoll über das Gesicht. Die dunklen Wolken, die uns eingehüllt hatten, verflogen auf einmal. Ich roch den würzigen Duft des Waldes. Erneut fühlte ich ihr weiches Fell. Wieder trafen sich unsere Blicke. Und plötzlich wusste ich, dass alles einen guten Ausgang nehmen würde.

Ohne Worte bedankte ich mich bei Inka. "Danke, dass du mir meine Fehler verzeihst und mir den rechten Weg zeigst", würde der Satz in der Menschensprache lauten.

Reflexionen

Ich muss zugeben, dass ich danach wie vom Donner gerührt war. Später dachte ich lange über das "Gespräch" mit Inka nach. Tage darauf prasselten die Einsichten nur so auf mich nieder. Ich erkannte, dass jeder Mensch, der einen Hund im Kreis herumlotst, *selbst* im Kreis läuft. Im besten Fall sucht er nach seinem eigenen, wahren Ich. Er ist jedenfalls ein Gefangener seiner Umwelt, er ist verwirrt. Er vertraut anderen mehr als sich selbst. Er sitzt in der Falle, weil er auf die Meinungen und Forderungen der Umwelt hört – statt es sich selbst zu erlauben zu wissen, was wichtig und richtig ist. In gewissem Sinn ist er seiner Persönlichkeit verlustig gegangen. Die Meinungen der Mutter, des Vaters, der Großeltern, der Geschwister, der Freunde, der Kinder, des Ehepartners und so fort erscheinen ihm wichtiger als seine eigenen Ansichten. Der Effekt der Gesellschaft und der Umwelt ... Das bedeutet im Klartext: **Wir müssen uns unsere eigene Meinung bilden und dürfen nicht zulassen, dass wir wie ein Roboter von anderen programmiert werden.**

Vielleicht fühlt es sich einige wenige Augenblicke angenehm an, wenn wir uns steuern lassen. Aber in Wahrheit verlieren wir unser Ich. Wir lassen uns in eine Form pressen und in eine Schablone. Und wir verwandeln uns in eine Marionette, an deren Fäden andere ziehen. Man lebt nicht mehr aktiv, sondern man "wird gelebt".

Hunde müssen in der Folge diesen Irrwitz kopieren. Wenn ein Hund sinnlos im Kreis umhertappt, spiegelt er lediglich unser eigenes Verhalten und unsere eigene Konfusion wider. Oberflächlich betrachtet nimmt es sich vielleicht sogar beeindruckend aus. In Wahrheit aber teilen wir damit nur mit, dass wir *selbst* kontrolliert und am Gängelband geführt werden.

Was tun wir daraufhin?

Nun, wenn wir Menschen es in der Folge nicht mehr aushalten, wenn wir protestieren, wenn wir auszubrechen versuchen, gibt es drei mögliche Reaktionen: Wir laufen weg, wir resignieren oder wir beißen um uns, in der Hundesprache ausgedrückt, beziehungsweise wir keilen nach allen Seiten hin aus, in der Pferdesprache gesprochen.

Inka, mein Hund, lehrte mich jedenfalls, was mit *mir* verkehrt war. Die Erkenntnis bestand also nicht nur darin, dass ich meinen Hund falsch behandelt hatte. Die wahre Einsicht ging weitaus tiefer. Inka lehrte mich, dass ich mit mir selbst nicht im Reinen war.

Wenn wir also am liebsten weglaufen oder um uns beißen oder resignieren würden, sollten wir die entsprechenden Konsequenzen ziehen. Wir müssen etwas an unserem Lebensstil ändern, von Grund auf.

Der Hund verrät dem Halter nicht eben wenig – über sich selbst. Das Tier belehrt den Menschen. Wenn Hundebesitzer ihre Tiere mit harten Medikamenten behandeln lassen, mit seelenlosem "Training" peinigen, wenn sie Druck ausüben und wenn sie sie "abrichten", so zeigt das, dass mit den *Besitzern* etwas nicht stimmt. Der Hundebesitzer bringt dadurch nur zum Ausdruck, dass bei ihm *selbst* etwas korrigiert werden müsste.

Umgekehrt wird ein Schuh daraus! Der Hund weiß, dass sich ihm der Mensch durch seine Verhaltensweisen offenbart. Also spiegelt er ihn wider. Gewissermaßen will er ihm helfen. Es ist seine Methode, den Menschen zur Einsicht zu führen. Aber viele Menschen können eben diese Zeichen nicht lesen, obwohl sie sich unmittelbar vor ihren Augen befinden. Würde ein Mensch genauer hinhören, so könnte er die erstaunlichsten Entdeckungen machen – was ihn selbst angeht. Und wenn er die verschiedenen Botschaften verstehen würde, so würde er ins Staunen geraten. Ein Halter, der die Sprache seines Hundes versteht, übernimmt sofort mehr Verantwortung. Er kann auf einmal Probleme in seinem eigenen Leben lösen, die ihm zuvor schier unlösbar erschienen. Er beschreitet tatsächlich einen Weg, der in Richtung Freiheit führt.

Aber kehren wir noch einmal zu unserem konkreten Fall zurück.

Longieren und Gehirnwäsche

Die Trainingsart des Longierens ist in der Hundeszene weit verbreitet. Es gibt verschiedene Theorien und Vermutungen, wann, wie und zu welchem Zweck diese Technik erfunden wurde. Verschiedene "Experten" vertreten die Ansicht, dass damit Stress abgebaut werden kann. Andere "Autoritäten" schwören, dass man damit dem Hund das Jagen abgewöhnen kann. Wieder andere "Experten" glauben, dass es dem Muskelaufbau diene, die Konzentration fördere und den Hund sozialisiere. Aggressive Hunde vermöge man dadurch sogar zu heilen und zu zähmen. Der Halter selbst könne angeblich seine Körperhaltung verbessern und die Bindung mit dem Hund intensivieren. Erneut andere "Experten" geben hundert verschiedene gute Gründe für das Longieren an. Sogar die Meinung existiert, es sei gut für bewegungsfaule Menschen, für sie sei es bequem, während man den Hund "arbeiten" lasse.

Im Allgemeinen wird der Hund dabei trainiert, in einem Kreis herumzugehen – manchmal mit Hindernissen, Tunnels, Hürden und anderen Aufgaben, die zu bewältigen sind. Das Ziel besteht darin, die Kommandos des Halters, der in der Mitte des Kreises steht, punktgenau zu befolgen. Dem Hund verwehrt man es dabei, auf den Halter in der Mitte zuzulaufen. Kommt er dennoch angerannt, wird empfohlen, das Tier schnell und energisch fortzuschicken. Auf diese Weise will man sicherstellen, dass sich der Hund besser am Halter orientiert. Parallel dazu arbeitet man mit Belohnungen und Bestrafungen. Mit anderen Worten: Das Tier wird auf Teufel komm raus programmiert und konditioniert.

Früher testete ich das Longieren ebenfalls aus. Mein Opfer war Inka. Ich tat es, weil man mich in gewissem Sinn einer Gehirnwäsche unterzogen hatte – sofern man darunter versteht, dass Überzeugungen künstlich aufgepropft werden. Man könnte auch von "Programmen" und einer "Programmierung" sprechen. Unter einem bestimmten Blickwinkel ist ein großer Teil des gesamten Erziehungssystems nichts als eine "Programmierung", selbst große Teile der "Kultur" muss man auf diese Weise betrachten. Sogar im Erwachsenenalter lassen wir uns noch von allen Seiten beeinflussen und vereinnahmen, denken wir nur an all die selbsternannten "Autoritäten" des Fernsehens sowie an viele Ärzte, die uns alles Mögliche einzureden und aufzuschwatzen versuchen.

Intelligentes, integeres Verhalten besteht jedoch im Gegensatz dazu darin, keine Überzeugungen und Programme *von außen* zu übernehmen, sondern auf sein *inneres* Selbst zu hören. Es ist ein faszinierender Prozess: Eine Person lehnt es in diesem Fall ab, sich von der Umwelt steuern zu lassen. Sie übernimmt wieder selbst das Ruder.

Der Rat des alten weisen Hundes

Kleiden wir die folgende Einsicht in eine Metapher, in ein Gespräch mit einem Hund.

Ich fragte einmal einen alten weisen Hund, welchen Rat er den Menschen geben würde, was seine Einstellung zu Hunden angeht. Er antwortete mir: "Wenn sich Hundetrainer und Hundehalter mit uns Hunden abgeben, dann verfolgen sie immer die Absicht, uns etwas beizubringen. Menschen wollen, dass wir bestimmte Dinge für sie tun. Wenn Menschen dagegen das Verhalten von Ameisen beobachten, dann tun sie es ohne Hintergedanken. Sie wollen einfach etwas über Ameisen erfahren. Menschen beabsichtigen nicht, Ameisen zu dressieren oder zu schulen.

An dem Tag, an dem ein Hundehalter zu der Einstellung gelangt, dass es richtig ist, einen Hund genau so unvoreingenommen zu beobachten wie eine Ameise, wäre viel gewonnen. Und wenn er sich darüber hinaus fragen würde: *Was kann ich von meinem Hund lernen?*, könnte er ein wahres Wunder erleben."

Soweit der Rat eines alten weisen Hundes.

Ich kann nur hinzufügen, dass sich in dem Augenblick, in dem sich ein Mensch verändert, auch sein Hund verändert. Es nimmt sich aus wie pure Magie. In Wirklichkeit aber *spiegelt* der Hund nur den Halter. Die Wahrheit dieser Behauptung kann man jedoch nur erfahren, wenn man es selbst ausprobiert und sich auf dieses Experiment einlässt.

Kehren wir nun zu unserem eigentlichen Thema zurück: den verschiedenen Tiersprachen. Nehmen nun einmal ein weiteres beliebtes Haustier unter die Lupe: die Katze. Auch mit Katzen, die es ja bereits seit Jahrtausenden in den verschiedensten Kulturen gibt, habe ich die absonderlichsten Erfahrungen gemacht.

7.

GEHEIMNISSE DER KATZENSPRACHE

In völliges Neuland begeben wir uns, wenn wir übergangslos die *Katzensprache* betrachten. Es ist möglich, allein aus der Katzensprache eine eigene kleine Wissenschaft zu zaubern und zwischen 15 und 30 hübsche Doktorarbeiten darüber zu verfassen. Aber mein Ansatz ist auch bei diesem Tier gänzlich anders. Sie erraten längst, in welche Richtung ich ziele? Aber erlauben Sie mir zunächst ein paar historische Anmerkungen.

Heilige Katzen

In verschiedenen Kulturen des Altertums sind (Haus-)Katzen bereits anzutreffen, etwa im alten Indien, im alten Ägypten, bei den alten Griechen und im römischen Reich. Selbst in China, Japan und Afrika begegnen wir dem Tier. Vorfahren wie die Wildkatze gab es sogar schon vor mindestens neun Millionen Jahren. Domestiziert wurde die Katze aller Wahrscheinlichkeit nach in einem Gebiet, in dem heute die Länder Syrien, Arabien, Iran, Irak, Libanon, Israel, Ägypten und Jordanien liegen. Katzen dienten ihren Besitzern früh, um Mäuse zu jagen sowie auch Klein-

und Wasservögel. Besondere Aufmerksamkeit, ja Verehrung erfuhren die Katzen im alten Ägypten. Eine spezielle Rolle spielte Bastet, eine *katzen*köpfige Göttin im Land des Nils. Sie galt als die Tochter des Sonnengottes Re. Bastet war die Göttin der Fruchtbarkeit und der Liebe, die sich anfänglich, das heißt in der Frühzeit Ägyptens, besonders um die Schwangeren kümmerte. Im sogenannten Alten Reich war sie vornehmlich eine Beschützerin. Aber am Ende der Hochzivilisation veränderten sich zunehmend ihre Aufgaben, und sie wurde zur Göttin der Freude, des Tanzes, der Musik, der Feste und der körperlichen Lust. Wenn es um Erotik ging, so war Bastet, die Katzengöttin, gefragt. Zu Ehren der Bastet wurden Katzen zuhauf geopfert. Priester und Priesterinnen der Bastet zogen massenhaft Katzen auf – und boten diese in der Folge den Gläubigen zum Kauf an. Der Gläubige zahlte – und gab das Tier daraufhin wieder einem Priester der Bastet zurück. Dieser tötete nun das Tier für ihn, im Rahmen einer hochheiligen Handlung. Danach wurde die Katze mumifiziert. Hatte der Käufer tief in seinen Geld- oder Goldbeutel gegriffen, händigte ihm der Priester am Schluss die mumifizierte Katze aus. Besonders gut betuchte Ägypter kauften viele Katzen, um Bastet, die Göttin der Fruchtbarkeit und der körperlichen Vereinigung, günstig zu stimmen. Das hatte, so die Annahme, einen hervorragenden Einfluss auf das eigene Liebesleben.

Und so geriet die Katze zu einem der wichtigsten Tiere im alten Ägypten. Starb eine Katze eines normalen Todes, innerhalb eines nichtpriesterlichen ägyptischen Haushaltes, so war es Sitte, dass sich alle Hausbewohner aus Trauer die Augenbrauen schoren, das zeigte ihren Respekt vor der Göttin. Auch diese toten Katzen wurden einbalsamiert, gewöhnlich setzte man sie in der Folge in Grabkammern bei, berichtet jedenfalls Herodot, der berühmte griechische Geschichtsschreiber. Lauschen wir Herodot einen

Augenblick im Originalton und hören wir genau zu, was der alte Grieche über Katzen in Ägypten zu sagen hatte, im 5. Jahrhundert vor Christus:

"Wenn die weibliche Katze Junge hat, meidet sie den Kater; der verlangt also vergebens nach dem Weibchen. Daher ist er auf den Ausweg verfallen, die Jungen ihren Müttern mit Gewalt und List zu rauben und sie zu töten, ohne dass er sie aber frisst. Die ihrer Jungen beraubte Katze möchte dann von neuem Junge haben und läuft wieder zum Kater. (...) Wenn in einem Hause eine Katze stirbt, scheren sich alle Hausbewohner die Augenbrauen ab (...) Die toten Katzen werden (...) einbalsamiert und in heiligen Grabkammern beigesetzt"[1].

Erstaunlich! Niemand sorgte sich also so sehr um Katzen wie die alten Ägypter.

Tötete man eine Katze außerhalb des heiligen Tempelbezirks, so galt das als ein todeswürdiges Verbrechen. Wir Heutigen machen uns kaum eine Vorstellung, in welchem Umfang das alte Ägypten am Schluss von Katzen bevölkert war und wie sehr sie verehrt wurden. Das Bastet-Fest, auch *Schönes Fest der Trunkenheit* genannt, wurde jedes Jahr mit Musik, Wein, Bier und Drogen gefeiert und war von Ausschweifungen geprägt. Es handelte sich um eine wilde, ausgelassene Feier. Alle Bande waren während dieses Festes gelockert. Ein Vergleich mit unserer "Fastnacht" oder dem "Karneval" ist durchaus erlaubt.[2]

Es ist wahrscheinlich, dass es eigene Bastet-Tempel gab, die nur der Liebe oder dem sinnlichen Vergnügen dienten, denn keine Göttin sorgte sich so sehr um den Sexus wie die Katzengöttin. Mit Sicherheit wissen wir, dass bereits im alten Ägypten die Prostitution oder die käufliche Liebe existierte. Eine besonders eifrige Liebesdienerin, so berichtet jedenfalls der Historiker Will Durant, war so erfolgreich, dass sie sich aufgrund ihrer hohen Einnahmen sogar eine kleine Pyramide erbauen lassen konnte.[3]

Aber schweifen wir nicht ab. Die Katze war eine Art Sexsymbol, wie wir auf Neudeutsch sagen würden. Bastet, die Katzengöttin, stand für Liebe, Weiblichkeit und sinnliche Vergnügungen. Oft wurde sie als kleine Katze mit einem Löwenkopf dargestellt – oder auch als verführerische Frau mit einem Katzenkopf. Zuletzt war der Katzenkult im alten Ägypten so beliebt, dass manchmal Tausende von Katzen gleichzeitig geopfert und mumifiziert wurden. Grundsätzlich wachte man eifersüchtig über den Besitz der Katzen, die Ausfuhr aus Ägypten war zeitweise streng untersagt. Aber clevere Kaufleute schmuggelten sie schließlich doch nach Italien sowie in das heutige Frankreich und England.

»Katzenfieber« weltweit

Auch im alten Indien begegnen wir der Katze, von wo aus sie nach China und Japan wanderte. Immer wurden Katzen dazu benutzt, Ratten und Mäuse zu jagen, aber sie galten auch als ein Symbol des Glücks. Wozu wurde sie zudem in China benutzt? *"1500 Jahre vor Christus beschützten Katzen die Kokons der Seidenraupen und in den Tempeln die alten Handschriften vor den Ratten und Mäusen (...) Die Chinesen der damaligen Zeit glaubten, dass nur der Mensch und die Katze eine Seele besäßen. Die Katze stand für Glück und ein langes Lebens. Sie war ein Statussymbol der glücklichen Reichen."*[4]

Und so verbreiteten sich die (Haus-)Katzen über den gesamten Globus. Sie gelangten bis nach Nordamerika, Australien und Neuseeland.

Aber der Aberglaube machte auch vor diesem Tier nicht halt. Im europäischen Mittelalter verband man die Figur der Hexe mit einer schwarzen Katze – sie wurde dämonisiert, ja manchmal sogar auf einem Scheiterhaufen verbrannt. Hexen konnten sich angeblich in Katzen verwandeln oder ritten auf ihnen wie auf einem Besenstil. Falschheit und Verschlagenheit wurden der Katze angedichtet. Gleichzeitig wurden ihre Haare, ihre Knochen und ihr Fleisch benutzt, um allerlei Heilmittel herzustellen. Parallel zu dieser Unsitte avancierte die Katze zum Schoßtier reicher, adliger Damen.

Erst im 18. Jahrhundert begann man in unseren Breiten regelrecht Katzen zu züchten. Heute kennen wir mehr als 30 Katzenarten, und inzwischen ist die Katze weiter verbreitet und beliebter als selbst der Hund.

Die Sprache der Katze

Längst bemühten sich liebevolle und intelligente Autoren darum, die Katzensprache zu entziffern. Es gibt zahlreiche Bücher, in denen die erstaunlichsten Erkenntnisse vermittelt werden. Jeder Ton der Katze, jede Körperhaltung und jede Bewegung wurden bereits klassifiziert und interpretiert.

Faucht eine Katze, so drückt sie damit aus, dass sie vor etwas Angst hat oder angreifen will. Schleicht sie sich in geduckter Haltung an, dann ist ihr daran gelegen, eine Maus, eine Ratte, ein Insekt oder einen Vogel zu jagen und zur Strecke zu bringen – ohne dass sie wahrgenommen oder gehört wird.

Grundsätzlich beherrschen Katzen drei Sprachen: Erstens drücken sie sich durch Töne und Laute aus, die vollständig unterschiedliche Bedeutungen besitzen. Zweitens verfügen sie über eine erstaunliche Körpersprache: Die Bewegungen, die Haltungen, selbst die Mimik verraten, was eine Katze denkt und was in ihr vorgeht.

Drittens kommuniziert eine Katze mittels Düften und Gerüchen. Tatsächlich ist ihr Geruchssinn weitaus besser entwickelt als der des Menschen.

Monate kann man damit zubringen, allein die unterschiedlichen Töne der Katze auseinanderzudividieren und zu interpretieren. Es gibt das zufriedene Schurren, das Kreischen, das durch Mark und Bein geht, und das Miauen, das mindestens vier, aber wahrscheinlich mehr unterschiedliche Klangfarben und Bedeutungen besitzt – es kann einen Hilferuf zum Ausdruck bringen sowie Hunger, Furcht oder Protest. Es existiert weiter das Gurren, das lockend und verführerisch klingt und auf etwas Positives, Erfreuliches aufmerksam macht, das Schnurren, das Wohlbefinden ausdrückt, und das Fauchen, womit Ärger oder Schreck einhergehen. Eine Katze kann aber auch knurren, fast wie ein Hund, es bedeutet, dass sie etwas verteidigt. Wenn sie jault, macht sie damit ihrem Unmut Luft, aber auch Schmerz kann damit zum Ausdruck gebracht werden. Wenn Mister Samtpfote heult, ängstigt sich der Stubentiger vor etwas oder vor jemandem.

Tatsächlich verfügt kein anderes Tier über eine derart umfängliche Ton- und Lautpalette wie die Katze. Die Töne sind selbst für den Menschen gewöhnlich relativ leicht zu interpretieren. Teilweise unterscheiden sie sich kaum von menschlichen Lautäußerungen. Mensch und Katze sprechen also hier eine Sprache, deren Tonbedeutungen sich teilweise überschneiden.

Was Bewegungen angeht, so muss man Ohren und Schwanz im Auge behalten, aber auch die Augen, die Krallen und die allgemeine Körperhaltung. Ein steil hochgestellter Schwanz ist eine Art Gruß und beinhaltet immer eine freundliche Gebärde. Wenn der Schwanz dagegen hin- und herzuckt, so drückt das aus, dass sich die Katze über ein Problem Gedanken macht und unschlüssig ist; sie weiß nicht, wie sie sich entscheiden soll. Wird der Schwanz nach unten gehalten oder zieht sie ihn gar ein, zwischen die Beine, so signalisiert sie damit, dass sie aufgibt, sich unterordnet und unterlegen ist.

Die Mieze kann gespannte Aufmerksamkeit zur Schau stellen, wenn sich ihre Ohren nach vorn stellen und die Augen weit aufgerissen sind – die gleiche Reaktion ist auch bei interessierten Menschen zu beobachten. Aber auch Angst weitet die Pupillen, die Ohren sind dann jedoch zurückgelegt, was alternativ Aggression anzeigt – man ist in diesem Fall besser auf der Hut.

Die Duftnoten der Katze sind ebenfalls zahlreich. Die Nase des Stubentigers verfügt über 200 Millionen geruchswahrnehmende Zellen – der Mensch besitzt nur rund 20 Millionen. Natürlich steht das Futter stets im Mittelpunkt der Geruchswahrnehmung der Mieze. Der Geruch wird in der Folge an das Gehirn weitergegeben, woraufhin die Aktion bestimmt wird, die angesagt ist. Selbst die Haut der Katze sondert Düfte ab, besonders die Haut am After, an den Wangen und den Pfoten. Katzen lesen aus Düften anderer Katzen und Menschen zahlreiche Informationen heraus, was der Mensch nicht kann – speziell wenn sein Gegenüber, der Gesprächspartner, mit Parfüm eingesprüht ist. Im Falle von Parfüm handelt es sich um künstliche Duftnoten, die die wahren Gerüche eines Menschen verschleiern sollen. Manchmal versucht "Mensch" mit Hilfe des Parfüms sogar seine wahren Absichten zu verbergen. Die Nase der Katze lässt sich jedoch selten oder nie irreführen. Was sie riecht, teilt ihr unmissverständlich mit, worum es geht. Selbst der Kot und der Harn werden benutzt, um Informationen zu hinterlassen oder aufzuschnappen.

Das Gespräch der Katze mit dem Menschen

Wie mit dem Hund ist ein Gespräch mit einer Katze dann leicht, wenn der Mensch genau beobachten und zuhören kann. Besonders wichtig ist der Tonfall des Menschen. Je freundlicher und liebevoller, umso besser und umso leichter kann die Katze den Menschen verstehen. "Der Ton macht die Musik", weiß schon der Volksmund, und im Katzenuniversum stimmt dieser Satz ebenfalls. Scheinbar können Katzen allein aus den Klangfarben der Töne Gedanken herauslesen. Kommen noch minimale Bewegungen hinzu und die Körpersprache des Menschen, vermögen Katze Töne besonders leicht zu interpretieren. Selbst Katzenliebhaber und Katzenexperten, denen nicht unterstellt werden kann, dass sie esoterisches Gedankengut favorisieren, und die der Physis den Vorrang geben vor der Psyche, staunen manchmal, wie schnell eine Katze menschliche Vorstellungen "errät".

Persönlich glaube ich, dass Katzen ausgezeichnete Gedankenleser sind. Wenn die "Think-Feel-Methode" angewandt wird, das heißt, wenn der Mensch rein telepathisch etwas "sagt", erhalten Katzen manchmal die erstaunlichsten Botschaften innerhalb von Bruchteilen von Sekunden, das heißt sehr rasch und überraschend genau. "Können Katzen Gedanken lesen?", fragt selbst die Autorin eines ausgezeichneten Katzenratgebers, Helga Hofmann, verwundert.[5] Im Allgemeinen redet man jedoch von "Gespür", was den Sofatiger angeht, oder von "Instinkt". Das ist unverfänglicher und gibt zu keinerlei Kontroversen Anlass.

Doch wie sprechen Katzen umgekehrt zu den Menschen?

Katzen scheuen sich nicht im Geringsten, Menschen mit Miau-Lauten auf einen Wunsch aufmerksam zu machen. Manchmal "zeigen" sie sogar auf einen Gegenstand, indem sie ihn intensiv anstarren. Wenn die Samtpfoten um Futter betteln, stupsen sie den Menschen auch schon mal mit der Pfote an, was in das Kapitel "Zeichensprache" fällt. Auch streichen sie um unsere Beine und maunzen herzerweichend.

So weit, so gut! Fest steht, mit den verschiedenen Lautäußerungen und Körperbewegungen werden unterschiedliche Informationen ausgesendet, die genau zu identifizieren sind – sofern man sich der Mühe unterzieht, zuzuhören und zu beobachten. Der Mensch kann sie leicht erraten, selbst wenn er nicht im Detail über die "Katzensprache" informiert worden ist. Aber offenbar gibt es eine Qualität, die über der Sprache angesiedelt ist: die *Absicht*. Sie wird auch in diesem Fall offenbar telepathisch übertragen. Töne und Bewegungen unterstützen lediglich diese Absicht.

Ich habe nun für Sie einige konkrete Katzengeschichten, die den Rahmen des Üblichen sprengen und zum Nachdenken anregen.

Lockruf

Speziell für dieses vorliegende Buch habe ich mich bemüht, auch Katzen einer genaueren Beobachtung zu unterziehen. Ich hatte gerade meiner schönen Schweiz den Rücken gekehrt und befand mich in Südfrankreich, an der Côte d`Azur, einer der schönsten Weltgegenden, in einem komfortablen Hotel, konkret in einem angegliederten Pavillon. Zunächst schaute ich mir in meinem Pavillon voller Begeisterung einige Videos auf YouTube, Pinterest und Instagram an, was Katzen anging. Ich war total entzückt. Sofort fühlte ich in mir den Wunsch, mir eine eigene Katze zuzulegen. Mein Verstand riet mir jedoch sofort davon ab. Ständig bin ich per Flugzeug unterwegs, mit dem Auto oder sonstigen Fortbewegungsmittel, immer um zu coachen, Vorträge zu halten oder was eben gewünscht wird. Ich realisierte, dass es nicht fair gegenüber einer Katze gewesen wäre, sie zu mir einzuladen, da ich ständig irgendwo auf der Welt zu Gange war. Da es bereits spät war, legte ich mich schließlich ins Bett. Es vergingen nur wenige Minuten, als ich um meinen Pavillon herum zahlreiche Katzen miauen hörte. Sofort richtete ich mich wieder steil in meinem Bett auf. Das durfte doch nicht wahr sein! Hatte ich mir Katzen quasi mit einem Fingerschnippen in mein Leben gerufen? Da ich in den Augen anderer Menschen nicht "normal" bin – ich hingegen genau solche Vorkommnisse als "normal" erachte –, zog ich diese Möglichkeit durchaus in Betracht. Wahrscheinlich war niemand anders als ich selbst dafür verantwortlich, dass mich plötzlich zahlreiche Katzen heimsuchten. Gleichzeitig war ich fasziniert. So stand ich wieder auf und schaute mir weitere wundervolle Clips über Katzen an. Auf eine unbestimmte Art fühlte ich mich auf einmal "eins mit den Katzen", wie das einige alte Weisheitslehrer vielleicht ausgedrückt hätten.

Daraufhin legte ich mich endgültig hin. Ich schlief ein, begleitet von Katzengesang rund um den Pavillon. Ich fühlte selbst im Traum und Schlaf, dass die Samtpfoten weiter um den Pavillon herumschlichen. Als ich am Morgen erwachte, waren die Katzen nicht etwa wie vom Erdboden verschluckt, sondern sie befanden sich noch immer an Ort und Stelle. Ich hörte sie schließlich sogar über das Dach des Pavillons laufen. Sie hatten mit mir Kontakt aufgenommen.

Theoretisch könnte man dieses Ereignis als Zufall abtun, aber erwähnenswert ist der Umstand, dass ich mich bereits seit vier Wochen an der Côte d`Azur und in diesem Pavillon befand. In der gesamten Zeit sah ich genau drei Mal nur eine einzige Katze einsam herumstreunen. Als ich mich jedoch entschied, mich intensiver mit Katzen zu beschäftigen, war ich mit einem Schlag von ganzen Heerscharen von Katzen umgeben.

Jeder kann aus dieser Story herauslesen, was er will ...

Jane oder eine unglaubliche Geschichte

Während der Skeptiker die vorausgegangene Geschichte noch mit einem Lächeln abtun kann, jagt die folgende Story, die mir freilich nur erzählt wurde, dem Leser möglicherweise einen Schauer über den Rücken.

Ich habe eine gute Freundin, die ich privat für mich nur die Katzenlady nenne. Ihr Gesicht hat selbst etwas Katzenartiges – speziell in der Augenpartie. Meine Katzenlady berichtet mir stets voller Begeisterung Geschichten über ihre verschiedenen Samtpfoten, um die sie sich kümmert.

Eines Tages erzählte sie mir, dass sie einmal eine Katze besaß, die humpelte, weil deren rechtes Hinterbein verletzt worden war. Der Name der Katze: Jane. Eines Tages starb zu dem Leidwesen meiner Freundin diese Katze. Glücklicherweise hatte sie aber noch viele andere Katzen, und eine davon warf ein paar Monate später mehrere Katzenjunge, ein süßes Kätzchen nach dem anderen. Meine Freundin konnte sich nicht sattsehen an den Wollknäueln. Da nahm sie plötzlich wahr, wie eine "Katzenseele" versuchte, den Körper eines der frischen, neugeborenen Kätzchen zu übernehmen.

Schnell verscheuchte sie die Katzenseele und sagte (telepathisch): "Nein, dieser Katzenkörper gehört Jane. Geh fort! Such dir einen anderen Katzenkörper." Daraufhin rief sie Jane herbei. Jane übernahm sofort das frische Kätzchen, sie schlüpfte in den neuen Katzenkörper, der plötzlich zur Verfügung stand. Meine Freundin war erleichtert. Sie verhalf auf diese Weise Jane zu einem neuen Körper.

Wie erstaunt war sie jedoch, als sie wenige Tage später dies feststellte: Das junge Kätzchen, in das die Seele Janes geschlüpft war ... humpelte ebenfalls. Ihr rechtes Hinterbein, obwohl es nie verletzt worden war, funktionierte nicht richtig. Sie humpelte exakt auf die gleiche Weise wie zuvor Jane. Offenbar hatte sie zwar Jane einen neuen Katzenkörper zur Verfügung gestellt, aber Jane hatte ihr altes Problem (das Humpeln) auf den neuen Körper übertragen.

Jeder Leser kann auch aus dieser Story herauslesen, was er will ...

8.

INTELLIGENZ UND DIE SPRACHE DER AFFEN

Am interessantesten sind vielleicht Affen, speziell die Gorillas, Orang-Utans und Schimpansen, wenn es um die Sprache der Tiere geht. Angeblich stammen wir Menschen von den Affen ab – aber inzwischen gibt es auch ernstzunehmende Stimmen, die diese Behauptung in Zweifel ziehen. Der scharfsinnige Autor Hans-Joachim Zillmer untersuchte jahrzehntelang die angeblichen "Übergangsformen" zwischen Affen und Menschen und stellte fest, dass sie kaum oder überhaupt nicht existieren. Allenthalben sprach man deshalb von *missing links*, von fehlenden Bindegliedern – und dies trotz Millionen und Millionen von Knochenfunden. Praktisch immer handelte es sich dabei jedoch um Knochen, die entweder eindeutig einem Menschen zuzuordnen waren – oder einer der 6000 Affenarten, die einst die Erde bevölkerten. Die "Höherentwicklung" vom Affen zum Menschen ist also eine These, die mehr und mehr in Zweifel gezogen wird.

"Die erforderlichen Zwischenformen (*missing links*) können weder aktuell im Tierreich beobachtet noch in fossilen Urkunden als versteinerte Formen nachgewiesen werden."[1] Der *Australopithecus*, eine ehemals klassifizierte "Übergangsform" zwischen

Mensch und Affe, stellte sich schließlich als eine ausgestorbene Affenart heraus, wie Forscher nach 15-jährigem Studium ohne Wenn und Aber herausfanden. Die Beispiele ließen sich beliebig fortsetzen. Selbst falsche Zuweisungen waren eine Zeit lang geradezu an der Tagesordnung – so wenn sich etwa ein "Menschenaffenschädel" plötzlich als die Kniescheibe eines Elefanten entpuppte, obwohl Wissenschaftler und "Experten" den Knochen sorgfältig untersucht hatten.[2]

Das Standbild Darwins beginnt zunehmend zu bröckeln, und mit ihm die These der Evolution. Aber begeben wir uns nicht auf das gefährlich glatt gebohnerte, schlüpfrige Parkett der verschiedenen Meinungen, was die Evolutionstheorie angeht. Für unser Thema ist lediglich von Bedeutung, dass auch Affen offenbar Wesen sind, mit denen man in Kommunikation treten kann.

Der Affe, das hochintelligente Tier

Längst fand man heraus, dass Schimpansen menschliche Wörter verstehen können. Zweifelsfrei etablierten Verhaltensforscher, Zoologen und Biologen, dass Schimpansen über eine erstaunliche Sprachbegabung verfügen – und damit über Intelligenz. Mit Hilfe der Zeichensprache und Computertastaturen können einige Schimpansen bis zu 150 Wörtern verstehen. Noch einmal: Der Schimpanse kann sie tatsächlich *verstehen*, nicht nur nachplappern wie der Graupapagei, der sogar bis zu 1000 Wörtern wiederholen kann. Ob der Papagei aber den Sinn der 1000 Wörter begreift, ist fraglich. Der Schimpanse dagegen kann tatsächlich 150 unterschiedliche menschliche Lautkombinationen unterscheiden und entsprechend reagieren, nachdem er eine entsprechende Unterweisung erhalten hat. Wenn das nicht erstaunlich ist!

Lange betrachtete man Affen als dumme, primitive Tiere, wie selbst Sprichwörter noch heute verraten. Affen wurden erstmals als denkende, fühlende und hochintelligente Wesen erkannt, als sich die berühmte Jane Goodall mit ihnen beschäftigte. Es handelte sich bei Goodall um eine britische Verhaltensforscherin, die einst in Tansania (Ostafrika) die unglaublichsten Beobachtungen machte.

Goodall entdeckte, dass Schimpansen sogar fähig waren, Werkzeuge zu benutzen – ein Talent, das man zuvor nur dem Menschen zugebilligt hatte. Sie verwendeten Steine, um Nüsse zu knacken. Inzwischen weiß man, dass Schimpansen sechs verschiedene Sorten harter Nüsse knacken können. Dabei verwenden sie Werkzeuge – Steine und harte Äste –, die genau zu der Widerstandsfähigkeit der Nuss passen.

Weiter fand Jane Goodall heraus, dass verschiedene Affen unterschiedliche Persönlichkeiten besitzen und als *Individuen* betrachtet werden müssen. Goodall setzte sich in der Folge in vorbildlicher Weise für die Habitate der Schimpansen ein und plädierte für einen ethischen Umgang mit den Affen. Sie schuf mehrere Organisationen, die sich für Verbesserungen einsetzten, und brach sogar für die Rechte der Affen eine Lanze, indem sie versuchte, sie gewissermaßen mit "Menschenrechten" auszustatten. Zudem lehnte sie sich gegen die barbarischen Tierversuche auf, die sie als "Folter" bezeichnete, und ich stimme ihr aus vollem Herzen zu.

Die Vorgehensweise Goodalls war und ist denkbar unterschiedlich von anderen Forschern. Die wichtigsten Eigenschaften, die man ihrer Ansicht nach benötigt, wenn es um Tiere geht und wenn man ihre Sprache verstehen will, sind "Geduld und Liebe"[3]. Ist man eben dazu bereit, wird man plötzlich durch die erstaunlichsten Entdeckungen belohnt. Man erfährt etwa, dass Schimpansen, wenn sie ruhig und sanft eine menschliche Hand drücken, damit Zustimmung zum Ausdruck bringen. Darüber hinaus handelt es sich hierbei um ein Zeichen der Zuneigung.

Schimpansen halten sich an den Händen, wie Menschen. Wie bei Menschen gibt es auch unter Schimpansen Wettbewerbe, ja sogar regelrechte Kriege.

Insgesamt spricht Goodall interessanterweise von einer "spiritual experience", was ihre 40 Jahre lang währenden Beobachtungen mit Affen angeht. Ihr Ausgangspunkt ist also ein ganz anderer als der des gewöhnlichen Forschers, der Affen als Gegenstand oder als grundsätzlich minderwertig betrachtet.

Auch aufgrund der hervorragenden Arbeiten von Jane Goodall fanden inzwischen die unglaublichsten Untersuchungen mit Affen statt, um endgültig zu etablieren, ob sie Intelligenz besitzen oder nicht. Man stellte schließlich zweifelsfrei fest, dass Schimpansen sowohl über individuelle als auch über soziale Intelligenz verfügen, sprich sie lernen voneinander und unterstützen sich gegenseitig.[4]

Wie Menschen kennen sie soziale "Übereinstimmungen": Sie führen Balzrituale auf und töten wechselseitig ihre Parasiten. Bis zu 40 unterschiedliche Verhaltensweisen lernen sie voneinander.[5] Sie erziehen sich also und übermitteln systematisch Wissen. Darüber hinaus können Schimpansen sogar Bräuche innerhalb einer Gruppe weitergeben, nicht anders als Menschen. Zudem gibt es verschiedene soziale Ränge und eine ausgeprägte Hackordnung innerhalb der Welt der Schimpansen.

Weiter sind Schimpansen durchaus zu kognitiven Unterscheidungen fähig. In einem entsprechenden Experiment fand man heraus, dass Schimpansen sogar gezielt eine Art Herd benutzten, um gekochte Nahrung zu sich nehmen zu können; Forscher der *Harvard University* leiteten diese Versuche.[6] Konkret bevorzugten die Tiere gekochte Süßkartoffeln, aber sie verzehrten sie nicht roh, wenn es möglich war, selbst wenn sie warten mussten; sie waren also imstande, den Futterdrang und den Hunger in die zweite Reihe zu stellen.

Später bestätigten andere Forscher ebenfalls, dass Schimpansen über eigene Persönlichkeiten verfügen und sie sich fundamental voneinander unterscheiden.

Keine Tierart wurde buchstäblich jahrtausendelang mehr unterschätzt als der Schimpanse.

Orang-Utans

Auch bei Orang-Utans handelt es sich um hochintelligente Wesen. Das Wort selbst verrät bereits einiges. *Orang-Utan* ist ein Wort aus dem Malaiischen und bedeutet so viel wie "Waldmensch" – was beweist, dass selbst die (menschlichen) Einwohner Borneos, wo sie auftreten, längst erkannt haben, wie smart diese Tiere sind.

Die intelligenten "Waldmenschen" sind dem Menschen sogar in verschiedenen Dingen überlegen. Sie können Wege, Räume und Orte hervorragend im Gedächtnis behalten und verfügen über einen weitaus besseren Orientierungssinn als der Homo sapiens. "In einem Revier von 300 Hektar kennt ein Orang-Utan jeden Baum und merkt sich genau, wann wo welche Früchte pflückreif sind. Außerdem kann er in seinem Wald rund tausend Pflanzen unterscheiden und weiß zum Beispiel, welches Kraut gegen Krankheiten wie Malaria oder Migräne gewachsen ist." (Geolino)

Orang-Utans pudern sich, das heißt, sie reiben ihre Gesichter mit Holzmehl ein, sie küssen sich, ja Orang-Utan-Mütter servieren ihren Kleinen sogar Früchte auf einer Kokosnusshälfte, also auf einer Art Teller.

Grundsätzlich sind Orang-Utans Genies darin, Nahrungsressourcen ökonomisch zu verwalten. Auch sie benutzen Äste als Werkzeuge, um an Nahrung zu gelangen. Nicht selten basteln sie aus Ästen sogar neue Werkzeuge, was auf eine beträchtliche *Werkzeugintelligenz* schießen lässt, wie das die Forscher ausdrücken.

In Zoogehegen zerrissen Orang-Utans Säcke und knoteten daraus Schnüre und Hängematten. Zoowärter können mehr als ein Lied davon singen, wie intelligent Orang-Utans sind, speziell wenn es darauf ankommt, aus einem Zoogehege auszubrechen, kein Schloss ist vor ihnen sicher. Ein Fall wurde im Osnabrücker Zoo bekannt, da ein Orang-Utan Zweige so lange zurechtkaute, bis ein Holzstück wie ein Vierkantschlüssel in das Steckschloss des Käfigs passte, in dem er gefangen gehalten wurde.[7]

Orang-Utans benutzen Stöckchen, um sich zu kratzen, sie schützen ihre Hände, wenn sie stachlige Früchte berühren, und sie brechen Äste ab, um sie auf ihre Feinde zu schleudern. In Gefangenschaft bauen sie aus Kisten Türme und basteln aus kurzen Stöcken lange Angelruten, mit denen sie Futter herbeiziehen. Beobachtet wurde sogar ein Orang-Utan-Mann, der sich ein Steinwerkzeug selbst meißelte, indem er von einem Stein Splitter abschlug, so dass dieser dann dazu benutzt werden konnte, um Verschnürungen zu zerschneiden.

Verschiedene Experimente wurden gestartet, um auch Orang-Utans auf die Schliche zu kommen. Verfügten sie nun über Intelligenz oder nicht?

Schimpansen hielt man Spiegel vor und entdeckte, dass sie sie dazu benutzten, um sich die Zähne zu säubern oder Farbflecken zu entfernen. Das verriet den Forschern eine Art "Selbst-Bewusstsein". Orang-Utans bewiesen eine ähnliche Intelligenz, die der der Schimpansen in nichts nachstand.

Orang-Utans wissen genau, welcher Teil einer Pflanze nahrhaft ist und welcher Teil giftig. Viele Forscher bescheinigten ihnen Erinnerungsvermögen, Fantasie, Entscheidungsfreudigkeit, Flexibilität und Kombinationsvermögen. Wie viel Intelligenz braucht es, um dies Intelligenz zu nennen?!

Gorillas

Ähnliche Lobeshymnen kann man über Gorillas anstimmen. In San Francisco gelang es einer Affenforscherin, Penny Patterson, mit einem Gorillaweibchen ein so enges Verhältnis aufzubauen, dass die Äffin schließlich viele Absichten der Forscherin erriet oder sogar vollständig verstand. Das Gorillaweibchen – sie hörte auf den Namen Koko – "sprach" mit den Händen. Es entwickelte sich eine Art Gebärdensprache zwischen den beiden, die über *eintausend* Gesten beinhaltete, was einem beträchtlichen Sprachschatz entspricht.[8] – Die Äffin Koko erregte weltweit Aufsehen. Heute trägt Koko eine Brille und hält sich angeblich Katzen als Haustiere ...

Auch in der *University of Birmingham*, in Zusammenarbeit mit dem Zoo in Leipzig, untersuchte man Gorillas genauer. Beobachtet wurden fünf Gorillas, denen man schmutzige Äpfel gab, um zu sehen, wie sie sich verhielten. Nun, die Affen säuberten die Äpfel zunächst, bevor sie sie verzehrten, nicht anders als es Menschen getan hätten.[9] Forscher werteten dies als Zeichen von Intelligenz.

Grundsätzlich muss man festhalten, dass man Jahre, ja Jahrzehnte damit zubringen kann, die Körper- und Gebärdensprache einer Tierspezies zu verstehen und zu entziffern. Jede Arm- und Beinbewegung kann eine bestimmte Kommunikation zum Ausdruck bringen, jeder Gesichtsausdruck und jede Haltung. Weiter kann man zahlreiche Tests entwickeln, um die Intelligenz der Tiere festzustellen. Aus meiner Sicht übersieht man dabei aber den springenden Punkt.

Intelligenztests mit Tieren

Der Fehler, den zahlreiche akademische Forscher begehen, besteht darin, dass sie in puncto Intelligenz eine *menschliche* Messlatte anlegen. Das heißt, all diese Tests sind *anthropozentrisch* ausgelegt. Der Mensch wird als das Maß aller Dinge betrachtet. Die üblichen Intelligenztests in unseren Schulen prüfen vor allem sprachliches Differenzierungsvermögen und simple mathematische Fähigkeiten. Danach wird dem Schüler ein Intelligenzquotient (IQ) zugewiesen. Ein IQ von 100 markiert den Durchschnitt, alles, was über 140 oder 150 Punkten liegt, bewegt sich in Richtung Genie.

Obwohl man selbst im Rahmen der Spezies Mensch gegen solche Messlatten Einspruch erheben könnte, muss man auf jeden Fall festhalten, dass es reiner Unsinn ist, Tiere mit menschlichen Maßstäben zu messen. Tiere besitzen ihre völlig eigene Welt.

Wenn ein Orang-Utan ebenso vorgehen und mit seinen Messlatten menschliche Intelligenz feststellen würde, so würde er entdecken, dass es nur in Ausnahmefällen Menschen gibt, die Wege, Räume und Orte hervorragend im Gedächtnis behalten können. Weiter kennen Menschen bestimmt nicht jeden Baum in einem Umkreis von 300 Hektar. Der Orang würde weiter feststellen, dass der Mensch nicht zwischen tausend Pflanzen unterscheiden kann und selten oder nie weiß, welches Kraut gegen Krankheiten wie Malaria oder Migräne hilft. Das heißt, der Orang würde Menschen mit einem IQ von 20 bis 50 Punkten belegen und Menschen fast ausnahmslos für Idioten halten.

Genau so aber gehen wir vor: Wir legen unsere eigenen Messlatten an, menschliche Messlatten, und betrachten "Intelligenz" nicht als einen Wert, der von Spezies zu Spezies völlig unterschiedlich gemessen werden müsste.

Ein Elefant, der mit seinem Riechorgan zwischen tausend unterschiedlichen Gerüchen differenzieren kann, müsste über die unterentwickelte Nase des Menschen nur überlegen den Rüssel rümpfen. In seinem Rüssel befinden sich 40.000 Muskeln. Er kann ihn dazu benutzen, scharf zwischen Gerüchen zu differenzieren, aber er kann damit auch etwas ertasten und ergreifen. Sogar zur Drohgebärde taugt er, wenn der Rüssel aggressiv erhoben wird. Kleinste Unebenheiten kann er damit wahrnehmen. Der Elefant kann Freunde mit seinem Rüssel umschlingen und damit Liebe und Zuneigung ausdrücken. Weiter verteilt er mit dem Rüssel den Staub auf seiner Haut, so dass er vor Sonneneinstrahlung geschützt ist und vor Insekten. Selbst als Schnorchel dient der Rüssel manchmal. Wie elend muss dem Elefanten die winzige Nase des Menschen vorkommen, wie rückständig!

Was mit diesen Beispielen zum Ausdruck gebracht werden soll, ist lediglich der Umstand, dass es ein enormer Fehler ist, an Tiere menschliche Maßstäbe anzulegen – auch was Intelligenz angeht.

Ja, es gibt Überschneidungen, aber die Unterschiede sind größer als die Gemeinsamkeiten. Die wirkliche Kunst bei Tieren besteht darin, sie innerhalb ihres eigenen, selbstgesetzten Bezugssystems zu *verstehen*. Liegen die Bezugssysteme zu weit auseinander, ist Verständigung praktisch nicht möglich. "Sprache" kann kaum stattfinden. Eine Ameise wird nie einen Adler verstehen und umgekehrt.

Die Geisteskraft des Menschen jedoch besteht darin, Tiere in ihrem eigenen Rahmen begreifen zu können. Dazu ist es notwendig, nach den Bezugspunkten Ausschau zu halten, die eine Spezies definieren. Zahlreiche Forscher, gefühlte 90 % und mehr, versuchen jedoch, Tieren menschliche Bezugssysteme aufzupropfen. Genau in diesem Moment scheitern sie. Sie stülpen Tieren Kriterien über, die einfach nicht artgerecht sind. Sie gehen zwanghaft von der menschlichen Rasse aus, obwohl doch eigentlich die Geschichte selbst lehrt, dass wir etwas bescheidener sein sollten und es vermeiden müssen, uns in den Mittelpunkt des Weltgeschehens zu stellen. Buchstäblich jahrtausendelang glaubte man, die Sonne drehe sich um die Erde und die Erde sei der "stabile Punkt im All". Erst als Physiker und Astronomen wie Galileo Galilei darauf aufmerksam machten, dass dies nicht der Fall ist, begann man langsam umzudenken – was jedoch mehrere *Jahrhunderte* in Anspruch nahm!

Es ist also ein enormer Denkfehler, wenn sich der Mensch in den Mittelpunkt des Weltgeschehens rückt. Im gleichen Sinne ist es töricht, *anthropozentrisch* mit menschlichen Maßstäben Tiere zu messen.

Verinnerlicht man eben diese Erkenntnis, so gelangt man zu einigen erstaunlichen Einsichten.

Fantastische Bezugssysteme

Jede Tierart verfügt über ihr ganz spezielles Bezugssystem. Diese Systeme definieren sich gewöhnlich durch Wahrnehmungsorgane und Wahrnehmungsfähigkeiten, mit denen die Umwelt eingeschätzt und bewertet wird. Diese Wahrnehmungsorgane sind teilweise vollständig anders gelagert als die des Menschen. Aber selbst "sehen" ist nicht gleich "sehen". Ein Orang-Utan "sieht" insofern anders, als er in der Folge sofort bestimmte Auswertungen trifft, wenn er etwas mit den Augen wahrnimmt. Er achtet auf Bäume, Orte und Pflanzen in seiner Umgebung. In diesen Beziehungen entwickelt er ein erstaunliches Gedächtnis.

Der erste Schritt zum Verständnis eines Tieres besteht also darin, das artgerechte Bezugssystem zu verstehen und zu akzeptieren. Erst dann kann man den Versuch unternehmen herauszutüfteln, ob ein Tier intelligent ist. Aber man vergesse nie, dass menschliche Intelligenz für ein Tier artfremde Intelligenz ist. Das Tier selbst würde Intelligenz ganz anders definieren.

Die Kunst besteht zweifellos darin, sich zunächst in ein Tier *einzufühlen*, wie man das ausdrücken könnte. Sobald man beginnt, ein Tier innerhalb seiner eigenen Welt zu verstehen, hat man einen wichtigen Schritt in die richtige Richtung getan. Es ist dies der erste Schritt zur Telepathie.

Fast alle Tierkommunikatoren sprechen davon, dass sie auf einmal mit der "Welt des Tieres eins werden". Sie bewegen sich plötzlich innerhalb eines völlig neuen Bezugssystems. Abenteuerlich fremde, fantastische Orientierungspunkte tauchen auf. Es eröffnet sich gewissermaßen eine völlig neue Perspektive. Solche Menschen "denken" auf einmal wie das Tier – was es ihnen ermöglicht, mit dem Tier in Kommunikation zu treten.

Lassen Sie mich übergangslos ein weiteres aufregendes Beispiel anführen ...

9.

ELEFANTEN UND ELEFANTENFLÜSTERER

Ein fantastisches Beispiel, um in die Welt der Elefanten einzudringen, bietet Lawrence Anthony (1950-2012). Wohl kaum ein "Environmentalist" und Tierkommunikator machte in derart positiver Weise von sich reden wie dieser Mann, der sich in *KwaZulu-Natal*, einer Provinz Südafrikas, in unglaublichem Ausmaß für Tiere einsetzte, speziell für Elefanten.

Im Prinzip half er Tieren weltweit. Als alle Welt sich 2003 über den Krieg im Irak aufregte und es lebensgefährlich war, sich dort überhaupt aufzuhalten, flog Lawrence Anthony sofort nach Bagdad. Er marschierte dort schnurstracks zum Zoo und rettete die Tiere, um sie vor dem Wahnsinn des Krieges zu schützen! In Afghanistan kümmerte er sich ebenfalls um bedrohte Tiere, trotz der Gefahren.

Aber seinen eigentlichen Ruhm begründete er dadurch, dass er ein riesiges Gebiet in Südafrika in einen Naturschutzpark/Nationalpark umwandelte und unter anderem eine wilde Elefantenherde in Südafrika rettete, die eigentlich zum Untergang verdammt war. Er stellte ihnen in *KwaZulu-Land* eine neue Heimat zur Verfügung, unter unendlichen Anstrengungen und unter Lebensgefahren. In der Folge verteidigte er das neue Tierreservat gegen Wilddiebe, Feuer, Löwen, Angriffe der einheimischen Bevölkerung, Zauberer, Naturkatastrophen, Elfenbeinjäger und einiges mehr.

Lawrence Anthony war von Haus aus kein Tierkommunikator, obwohl ihn alle Welt schließlich den *Elefantenflüsterer* nannte. Er war lediglich von dem unbändigen Wunsch beseelt, Tieren zu helfen, wobei Vögel und später Elefanten die wichtigste Rolle in seinem Leben spielten. Stück für Stück "näherte" er sich der Welt der Elefanten, wobei er verschiedene aufregende Entdeckungen machte. Aber zunächst ein Wort zu Elefanten überhaupt.

Die erstaunlichen Eigenschaften des Elefanten

In verschiedenen Ländern der Erde ist der Elefant ein Symbol für Weisheit, Intelligenz, Klugheit und Kraft. Darüber hinaus repräsentiert er Glück, ein langes Leben, Souveränität und Energie. In Indien gibt es sogar einen Gott mit dem Namen *Ganesha*, der einen Menschenkörper und einen Elefantenkopf hat – seinen Anhängern verspricht er Erfolg in allen Belangen. Einer seiner Beinamen ist *Vanayaka*, was so viel wie *Entferner* oder *Überwinder von Hindernissen* bedeutet. Er gilt als gnädig, verspielt, freundlich, humorvoll und klug. Als Herr der Wissenschaften und des Handels genießt er gleich in mehreren indischen Religionen besondere Verehrung.

Fest steht, der Elefant verfügt über eine hohe Intelligenz und echtes Einfühlungsvermögen. Zudem ist er ein soziales Tier. Die grauen Riesen helfen sich ständig gegenseitig. Auf kranke und alte Tiere sowie auf Jungtiere nehmen die Elefanten besonders Rücksicht, und sie trauern, wenn ein Herdenmitglied verstirbt. Gegenüber Menschen sind sie hilfsbereit und gelehrig – zu allen möglichen Arbeiten werden sie eingesetzt. In unserem Zusammenhang besonders interessant ist ihre einzigartige Methode zu kommunizieren.

Die Sprache des Elefanten

Nichts ist außergewöhnlicher als die Sprache der Dickhäuter. Sie können alle möglichen Laute von sich geben, sie können bellen, brüllen, grollen, grunzen und trompeten, zehn verschiedene Klänge/Lautäußerungen haben Wissenschaftler bislang entdeckt. Aber all diese verschiedenen Lautäußerungen haben darüber hinaus zahlreiche *Klangfarben*, wie man das nennen könnte. Allein die Trompetentöne könnte man noch einmal in zahlreiche unterschiedliche Signale unterteilen. Darüber hinaus können die zehn Lautäußerungen mit ihren zahlreichen Klangfarben miteinander *kombiniert* werden. Und schon verfügt man über die schönste (Elefanten-)Sprache, die man sich vorstellen kann. Es gibt viele Hunderte oder sogar Tausende von Tönen/Tonkombinationen, die bislang nicht einmal ansatzweise untersucht worden sind.

Eine Eigenart ist besonders erstaunlich: Lautäußerungen und Töne, die der Elefant von sich gibt, werden nicht nur durch Schallwellen in der Luft übertragen. Auch der Boden, den die Dickhäuter mit ihren riesigen Füßen zum Erzittern bringen können, transportiert ihre Schallwellen. Über Hunderte, Tausende, ja vielleicht sogar Zehntausende von Meilen können auf diese Weise Botschaften zwischen Elefanten übermittelt werden – im Gegensatz zum Menschen, der im Altertum bei solchen Entfernungen mit Rauch- und Feuersignalen arbeiten musste. Es gibt Wissenschaftler, die annehmen, dass diese Schallwellen sogar noch in weiterer Entfernung "gehört" werden können. Noch sind sich Experten uneinig, wie und auf welche Weise Elefanten diese Schallwellen aufnehmen: Es ist nicht auszuschließen, dass die Füße der Elefanten teilweise die Funktion von Ohren haben, sprich dass sie damit die Schallwellen aufnehmen, identifizieren und in klare Aussagen verwandeln.

Eine weitere erstaunliche Besonderheit besteht darin, dass Elefanten Töne im Magen-Bauch-Bereich hervorbringen, die Menschen jedoch nicht hören können, weil sie in einem Schallbereich angesiedelt sind, den wir nicht wahrnehmen können. Das spricht für eine enorme Kommunikationsfähigkeit, die weit über menschliche Talente hinausgeht. Noch einmal: Man weiß inzwischen mit absoluter Gewissheit, dass die grauen Riesen im Magenbereich Geräusche im *Infraschallbereich* produzieren, das heißt Töne, die eine Bedeutung besitzen. Es handelt sich gewissermaßen um die Geheimsprache der Elefantenwelt.[1]

Unter *Infraschall* versteht man einen Schall, dessen Frequenz unterhalb der menschlichen Hörfähigkeit angesiedelt ist. Elefanten, Giraffen und Blauwale "unterhalten" sich auf diese Art und Weise. Es handelt sich um Vibrationen, die dem Menschen direkt nicht zugänglich sind; er benötigt, um sie zu hören, technische Geräte.

Und so muss man konstatieren, dass Elefanten über eine Kommunikationsfähigkeit verfügen, die atemberaubend ist.

Noch einmal: Lawrence Anthony

Der Tierschützer Lawrence Anthony wusste um all diese sprachlichen Besonderheiten der Elefanten. Zunächst bemühte er sich darum, das Vertrauen der riesigen Dickhäuter zu gewinnen – das einer wilden Elefantenherde, die eigentlich zum Tode verurteilt worden war, weil sie zu viele Schäden verursacht und auch Menschen angegriffen hatte. Er nahm sie in sein Reservat auf, trotz der Gefahren, die damit verbunden waren. Er kampierte und schlief in ihrer Nähe, beobachtete sie viele Jahre lang und versuchte, sich in ihre Welt einzufinden. Vor allem aber bemühte er sich, sie zu beschützen vor Wilddieben und Elfenbeinjägern unter anderem. Früh stellte er fest: "Sie kommunizieren ... mit ihren Augen, dem Rüssel, dem Magenrumpeln, subtilen Körperbewegungen und natürlich ihrer Haltung."[2] Er entdeckte weiter, dass sie mit den Augen blinzelten, um ihm etwas mitzuteilen, ihn manchmal direkt ansahen und dass ihre Blicke von größter Bedeutung waren, weil sie Botschaften übermittelten. Aber auch die Haltung des massigen Körpers sowie die Mimik waren von Bedeutung – auf den Rüssel haben wir bereits aufmerksam gemacht. Die Elefanten vermochten eine Stimmung genau einzuschätzen, sowohl bei jedem einzelnen Herdentier, als auch bei jedem Menschen in ihrer Nähe.

Völlig perplex war der Elefantenflüsterer, als ihn die Leitkuh der Elefantenherde so genau beobachtete, ja fast fixierte, dass er sich schließlich zu der Feststellung hingerissen sah: "Sie sah zu mir herüber und hielt meinem Blick einige lange Sekunden lang stand, so als ob sie meine Gedanken lesen würde."[3] In der Folge entwickelte Anthony ein fast paranormales Verständnis für die Dickhäuter. Er entdeckte zahlreiche Emotionen und Gefühlsäußerungen bei ihnen, weiter noble Charakterzüge, wie Verständnis, Großzügigkeit und Fürsorglichkeit. Lawrence Anthony war fasziniert.

Nach einiger Zeit warf er nach eigenem Bekenntnis alles Schulwissen über Elefanten über Bord. Er fand heraus, dass die üblichen menschlichen Verhaltensweisen im Busch nicht der Elefantenwelt entsprachen. So entwickelte er seine eigene Methode, um mit den imposanten Dickhäutern ins Gespräch zu kommen. Immer wieder schützte er sie vor Feuer und Sturm, er fütterte sie persönlich und lernte jedes einzelne Tier genau kennen. Die Leitkuh fasste schließlich Zutrauen zu ihm. Als ihn in der Folge ein wilder Elefant aus der Herde angreifen und niedertrampeln wollte und er keinerlei Möglichkeit zur Flucht besaß, brach eben dieser wilde Elefant seinen Angriff urplötzlich ab – wie auf einen Befehl von außen hin. Anthony urteilte, dass die Leitkuh selbst den wütenden Elefanten aus ihrer Herde gewissermaßen telepathisch "zurückgepfiffen" hatte. Jedenfalls bemerkte er, dass ihn die Leitkuh in der Folge aktiv vor dem Elefantenbullen schützte.

Anfänglich war die Herde über ihr neues Zuhause in *KwaZulu-Land* nicht glücklich. Anthony unternahm den Versuch, zu der Leitkuh zu sprechen und ihr mit menschlichen Worten und Gesten seine Absicht zu erklären. Er legte ihr dar, warum das neue Zuhause, *KwaZulu-Land*, der Nationalpark, für die gesamte Herde von ausschlaggebender Bedeutung war und über Tod und Leben entscheiden würde. Ja, er benutzte die Menschensprache, aber in Wahrheit war es seine *Absicht*, die durchdrang, wie er selbst diesen seinen Kommunikationsversuch später analysierte und bewertete. Und da geschah es. Der Elefantenflüsterer drückte es selbst so aus: "Einen Wimpernschlag lang flackerte zwischen uns so etwas wie ein universelles Verständnis auf ... [Es war] ein Erkennen über alle Grenzen hinweg."[4] Eine andere seiner Formulierungen: "Ob ich es mochte oder nicht, ich fühlte mich als Teil der Herde."[5]

Anthony wurde in der Folge regelrecht zu einem Mitglied der Elefantenherde. Die Dickhäuter und der Mensch lernten sich wechselseitig akzeptieren und wertschätzen. Mit der Zeit konnte Lawrence Anthony den Ort, wo sich die Elefanten in dem riesigen Park gerade aufhielten, ohne Probleme ausmachen. Er entdeckte, dass Elefanten kaum gefunden werden können, wenn sie dies nicht wollen. Aber er war offenbar willkommen. Er spürte auf einmal ihre Gefühle, denn es existierte eine Art geistige Verbindung. Als er eines Tages von einer Geschäftsreise zurückkam, standen alle Elefanten zur Begrüßung vor seinem Haus, obwohl die Tiere nicht um seine Rückkunft wissen konnten. Er war perplex. Immer genauer konnte er ihre Kommunikationen entziffern, ja es kam ihm sogar vor, als ob er ihre Vibrationen wahrzunehmen vermochte, ihr Magengerumpel. Gleichzeitig entdeckte er, dass es so etwas wie eine telepathische Verbindung gab – zwischen den Elefanten und schlussendlich sogar mit ihm selbst. Die imposanten, riesigen Dickhäuter unterhielten sich auf einer gedanklichen Ebene. Was aber befähigte ihn dazu, gewissermaßen in die Welt der Elefanten einzudringen? Notwendig waren seiner Ansicht nach eine unendliche Liebe zu den Elefanten, ehrliche Zuneigung und Hilfsbereitschaft. Damit aber haben wir auf einmal ein weiteres Geheimnis der Telepathie entdeckt: **Liebe ist der Schlüssel.** Es ist dies eines der ganz großen Geheimnisse, wenn man mit der Tierwelt in Verbindung treten will.

Betrachten wir übergangslos ein ganz anderes Tier ...

10.

PFERDE, PFERDETRAINING UND
DIE METHODEN DER PFERDEFLÜSTERER

Unglaublich aufschlussreich ist es, wenn man sich näher mit Pferden beschäftigt. Pferde sind ungewöhnliche Wesen: Sie sind groß, stark, voller Würde, stolz, gut aussehend und bewegen sich pfeilschnell, wenn es darauf ankommt. Die Mythen der Völker sind voll von den erstaunlichsten Geschichten über Pferde. Das alte Griechenland kannte sogar ein geflügeltes Pferd, genannt *Pegasus*, das Göttervater Zeus angeblich dazu nutzte, um seine Blitze zu tragen, bevor er sie zur Erde schleuderte. Hades, der griechische Gott der Unterwelt, nutzte einen Wagen mit vier pechschwarzen Hengsten. Der Sonnengott der Griechen dagegen hatte ein Gespann mit vier Schimmeln. Als Schöpfer aller Pferde galt Poseidon, der Gott des Meeres.

Weiter kennen wir im alten Griechenland die *Zentauren*, Mischgestalten aus Mensch und Pferd, sowie die magischen *Einhörner*, sprich weiße Pferde, die auf ihrer Stirn nur ein einziges Horn tragen. Auch in anderen Kulturkreisen wurden Pferde verehrt, bekannt ist etwa *Sleipnir*, der Hengst des germanischen Gottes Odin, das über acht Beine verfügte.

Aber abgesehen von all diesen Sagen, in denen vielleicht ein Körnchen Wahrheit steckt, denn Pferde waren schon immer eine ganz besondere Tierart, steht fest, dass Pferde tatsächlich über spezielle Fähigkeiten verfügen. Einige Pferdeexperten nehmen an, dass sie ursprünglich Fluchttiere waren und sich vor Jahrmillionen ständig vor Raubtieren in Acht nehmen mussten. Aber ach, das könnte bereits ein altes Programm sein, ein Vorurteil, das sich jedenfalls nicht immer bestätigt bei Pferden.

Zugegeben, Pferde mussten sich einst gegen Wölfe und Großkatzen zur Wehr setzen, und sicherlich war die beste Antwort die rasche Flucht. Der Körperbau der Pferde ließ es zu, dass diese Tiere unglaublich schnell davonrennen konnten und dabei auch noch Ausdauer bewiesen. Aber sie konnten sich auch mit ihren Hufen zur Wehr setzen und ausschlagen, weiter konnten sie einen Angreifer beißen. Pferde verfügen, wie schon ausgeführt, über einen Rundblick von 360 Grad, weil ihre Augen an den Seiten liegen und nicht, wie beim Menschen, vorn im Gesicht. Ihr Geruchssinn ist außerordentlich ausgeprägt und schlägt die Fähigkeit des Menschen in dieser Beziehung um Längen. Die Körpersprache ist unglaublich ausdifferenziert, Haltungen und Bewegungen, selbst Pferdegesichtsmimiken und die Stellungen einzelner Körperteile verraten einem Pferdeliebhaber mehr als 1000 Worte. Speziell die Haltung der Ohren, des Kiefers und des Schwanzes ist interessant, aber es gibt auch genügend Laute. Doch "Pferdisch" ist nicht so leicht wie "Englisch" zu erlernen. Ich spreche hier im Übrigen in erster Linie von Haus- und Wildpferden, nicht von Eseln und Zebras, die ebenfalls zu der Gattung der Pferde zählen.

Pferde finden sich gewöhnlich zu Gruppen oder Verbänden zusammen und kontrollieren manchmal unglaublich große Gebiete oder Reviere. Ein Hengst oder mehrere Hengste leiten den Verband, es gibt stets eine genaue Hackordnung.

Doch was ist mit den berühmten Pferdeflüsterern?

Das Training der Pferde

Der Wahrheit halber muss man zunächst festhalten, dass Pferde im Laufe der Geschichte selten gut behandelt wurden. Man richtete sie als Reittiere ab, oft wurden sie mit Schlägen traktiert. Sporen (= Reitstiefel mit Dorn oder Rädchen) stachen ihnen in den Unterleib, die Peitsche sauste auf sie nieder und Zügel verursachten ihnen am Kopf furchtbare Schmerzen. Darüber hinaus gab es weitere barbarische Methoden, wie dass die Beine zusammengebunden und gefesselt wurden, ferner Futterentzug, Absonderung auf kleinstem Raum und einiges mehr.

Sie wurden zu Rennpferden abgerichtet, mit den grausamsten Methoden, sowie zu Rodeopferden, Turnierpferden, Militärpferden, Zugpferden, Ackergäulen und Arbeitstieren. Viele Pferdehalter und Pferdebesitzer kümmerten sich nicht einmal ansatzweise um das Wesen dieser edlen Tiere. Kurz gesagt wurden sie versklavt und mit Schmerzen und Bestrafungen in die Kategorien gepresst, die für den Menschen von Vorteil waren.

Einer der bekanntesten Pferdetrainer war Monty Roberts. Mit drei Jahren lernte er zu reiten, mit vier Jahren tummelte er sich auf den ersten Turnieren, später machte er als Rodeoreiter und Pferdezüchter von sich reden. Schließlich avancierte er zum offiziellen Berater der Queen in Großbritannien, was Pferde anging, und verfasste mehrere Bestseller, in denen er seine Erfahrungen mit den Tieren darlegte.[1] Seine Methode, wilde Pferde zuzureiten und zu zähmen, beruhte jedoch auf einer umstrittenen alten Technik, die darin bestand, den Willen der Tiere zu brechen. *Horse breaking* lautet der Ausdruck im Englischen. Das beinhaltete, den Widerstand der Pferde auf null herunterzufahren, indem sie tage- oder wochenlang psychisch und physisch drangsaliert wurden. Um sie zu einem Reittier zu erziehen, sperrte man sie in eine enge Box, in der sie sich nicht bewegen konnten, und band ihnen einen schweren Sack auf dem Rücken, den Reiter symbolisierend. Geriet das Tier in Panik, wurde es geschlagen. Ein Bein band man hoch, so dass es nur auf drei Beinen stehen konnte. Sobald das Tier aufgab, warf man ihm den Sattel über. Wehrte es sich noch immer, begann die Prozedur von vorn. Schließlich bestieg ein Reiter das Pferd. Warf es ihn ab, wurden dem Tier Fesseln angelegt und man schlug es erneut, während es am Boden lag. Danach stand das Longieren auf dem Plan, das Pferd wurde im Kreis herumgeführt. Sobald das Pferd Unterwürfigkeit signalisierte, erlaubt man ihm, sich dem Reiter "vertrauensvoll" anzuschließen, wie die Beschreibung lautet, die meines Erachtens nicht der Ironie entbehrt.[2]

Es braucht wohl kaum betont zu werden, was ich von dieser Methode halte. Das Pferd wird hierbei zur Unterordnung gezwungen, bei Licht betrachtet degradiert man es zu einem Sklaven.

Lichtblicke

Als Tom Dorrance (1910-2003) auf den Plan trat, gab es erstmals Licht am Ende des Tunnels. Dorrance gilt als der Urvater aller Pferdeflüsterer, worunter man Menschen verstand und versteht, die auf geheimnisvolle Weise eine besondere Kommunikation zwischen Mensch und Pferd etablieren können. Er benutzte erstmals Vokabeln wie *Einfühlungsvermögen* und *Verständnis*. Der Film "Pferdeflüsterer" mit Robert Redford machte auf die Möglichkeit, mit Pferden in eine echte Verbindung zu treten, weltweit aufmerksam.

Während selbst einige Pferdeflüsterer im 20. Jahrhundert noch immer manchmal Bestrafung und Schmerztechniken einsetzten, änderte sich diese Einstellung zunehmend im ausgehenden 20.

und im beginnenden 21. Jahrhundert. Plötzlich sprach man von der "gewaltfreien Kommunikation" mit Pferden. Ein neuer Trend entstand. Zunehmend wurde die Aufmerksamkeit auf die *Pferdesprache* gelegt, die man aus den Bewegungen des Tieres, seinen Gesten und Mimiken herauslesen konnte. Plötzlich standen Worte wie *Liebe* und *Sanftmut* im Mittelpunkt. Mehr und mehr Pferdetrainer nahmen Abstand von schmerzhaften, gewaltsamen Methoden.

Zu einem Bestseller in den USA, wo Pferde in vielen Staaten nach wie vor Teil des täglichen Lebens sind, geriet das Buch "Sprachkurs Pferd" von Sharon Wilsie.[3] Wilsie studierte buchstäblich jahrzehntelang die Körpersprache der Pferde. Sie versuchte weiter, die Emotionen der Pferde zu verstehen, die sich ebenfalls an bestimmten Körperhaltungen ablesen lassen sowie am Gesichtsausdruck.

Sie riet zur genauesten Beobachtung der Schweifbewegungen, der Positionen des Leibes, des Atems, der Lippen, der Ohren, der Hufe, der Kopfhaltung generell und erkannte: "Die meisten Gedanken und Ideen unserer Pferde betreffen Beziehungen mit anderen Pferden, Verhandlungen über den persönlichen Raum und Fragen rund um Futter und Wasser."[4] Mehr und mehr entzifferte sie die Pferdesprache und versuchte, sich in die Empfindungen und Denkprozesse der Tiere einzufühlen. Sie arbeitete zudem mit verbalem Lob und mit Bewunderung, was ihrer Ansicht nach bei Pferden gut funktioniert.

Lob und Bewunderung

Meiner Ansicht nach brauchen Tiere *im Allgemeinen* kein Lob, im Gegensatz zu Menschen und speziell Kindern. Einige

Menschen hungern förmlich nach Lob, ja, sie tun alles dafür, um anerkannt zu werden. Gewöhnlich handelt es sich dabei um ein falsches Programm. Eine Person, die vollständig in sich selbst ruht, braucht kein Lob, sie weiß instinktiv, was richtig und was falsch, was gut und was schlecht ist. Auf der anderen Seite ist kaum ein Saft so verführerisch wie Bewunderung: Einige Berufsarten leben förmlich davon, wie der Schauspieler auf der Bühne etwa, der manchmal mit der Stoppuhr die Länge des Applauses misst. Aber zugegeben: Jeder von uns will im Leben etwas "darstellen". Die meisten Tiere kommen dagegen ohne Lob aus. Eine Mücke schaut nicht in den Spiegel und denkt: "Oooh, heiliger Josef! Heute sehe ich blendend aus. Aber ich sollte an den Hüften etwas abnehmen." Auch Hunde vergleichen sich nicht miteinander im Spiegel. Der Hund denkt nicht: "Der dicke Bernhardiner kann schneller laufen als ich, obwohl ich schlanker bin und so viel besser aussehe. Ich sollte mehr trainieren, damit ich ihn beim nächsten Rennen schlage." Auch der Löwe weiß nicht, dass er der König der Tiere ist. Es handelt sich um einen Titel, den ihm Menschen gegeben haben. Wenn er sich nicht gerade überfressen hat und todmüde ist, hält er sich für perfekt – genauer gesagt denkt er nicht einmal darüber nach, ob er perfekt ist oder nicht. Er *ist* einfach.

Noch einmal: Sharon Wilsie

Eine Ausnahme scheinen tatsächlich Pferde zu sein, die für Lob durchaus empfänglich sind. Das behauptet zumindest Wilsie. Mehr als bemerkenswert ist der Umstand, dass sie zunächst die Kunst der Beobachtung kultivierte – tatsächlich in einem unglaublichen Ausmaß. Allein aus der Stellung der Pferdeohren entwickelte sie eine kleine Wissenschaft. Sie beobachtete die Nüstern, entdeckte zahlreiche unterschiedliche Methoden, wie Pferde atmen, und entschlüsselte, was sie damit zum Ausdruck brachten. Wilsie untersuchte die Begrüßungsrituale der Pferde untereinander und kopierte sie. Mit der Zeit entdeckte sie, dass Pferde vollständig unterschiedliche Persönlichkeiten besitzen und über eine ganze Bandbreite von Emotionen verfügen, die Menschen in vielerlei Hinsicht in nichts nachstehen. Auch Pferde, die früher von ihren Besitzern misshandelt und missbraucht worden waren, "heilte" sie, indem sie ihnen wieder eine sichere Umgebung verschaffte. Weiter ließ sie sich zu folgender Äußerungen hinreißen: "Ich erklärte Joe [= der Name eines missbrauchten, unsicheren Pferdes] in seiner eigenen Sprache, was Menschen von ihm erwarten."[5] Mehr und mehr begab sie sich in das "Universum" der Pferde, sie bewegte sich im Rahmen *ihrer* Realität. Sie beobachtete, wie und auf welche Weise Pferde Zuneigung ausdrückten, und verhielt sich entsprechend. Schlussendlich verstand sie "Pferdisch" besser als jeder andere Trainer.

Nach vielen Jahren entschied sie, nie mehr ein Pferd zu reiten, das nicht dazu bereit war und nicht seine Zustimmung gegeben hatte. An körperlichen Merkmalen konnte sie erkennen, was in einem Pferd vorging, aber meines Erachtens hatte sie sich der "Pferdewelt" bereits so weit angenähert, dass eine telepathische Verständigung möglich war. Jedenfalls züchtigte sie Pferde nie mehr, sie bestrafte sie nie wieder, sondern versuchte, sie in ihrem eigenen Kontext zu verstehen und ihnen Respekt entgegenzubringen.

Mit Wilsies Sichtweise begann meiner Ansicht nach eine neue Periode im Verhältnis des Pferdes zum Menschen. In der Folge erschienen mehrere Bücher, die unmittelbare "Gespräche" von Menschen mit Pferden zum Thema hatten, einige wurden erneut Bestseller; Carola Lind und Pia Mayen mögen stellvertretend für verschiedene Autoren stehen.[6] Mehr als ein Vertreter dieser neuen Generation von Pferdetrainern schrieb seine Erfolge auch unverblümt der Telepathie zu. Die Körpersprache der Pferde, gewiss nicht unwichtig, erschien ihnen lediglich als Ausdruck von Gedanken und Empfindungen, und ich kann ihnen nur zustimmen. Erst entsteht der Gedanke/das Gefühl, daraufhin folgt die Körpersprache. Und so ist die Tiertelepathie mittlerweile eine akzeptierte Tatsache, zumindest in einigen Kreisen.

Aber was kann man damit in Bewegung setzen und verbessern? Und wie kann und wie sollte man sich einem Tier überhaupt nähern?

11.

BEZUGSFELDER ODER DIE PALETTE DER TIERSPRACHEN

Will man Zuneigung zu einem Tier zu entwickeln, ist es zunächst notwendig, sich mit seiner Realität und Wirklichkeit oder seinem Bezugsfeld vertraut zu machen. Man könnte auch von Orientierungspunkten sprechen, über die ein Tier verfügt.

Jedes Tier existiert im Wasser, zu Lande oder in der Luft und entsprechend unterschiedlich sind die Überlebensmechanismen, das Umfeld und die Wahrnehmungen.

Die 66.000-Dollar-Frage lautet: *Wie* nimmt ein Tier seine Umgebung wahr, *auf welche Weise* sieht es die Welt? Es ist absolut erstaunlich, wie viele unterschiedliche "Welten" es gibt, was Tiere anbelangt. Und erst wenn man diese Bezugsfelder, diese Welten, wirklich versteht, kann man es wagen, die Sprache eines Tieres zu entziffern.

Der Brüllaffe

Der Brüllaffe, der über fünf Kilometer Entfernung seine Stimme ertönen lassen kann, das lauteste Tier im gesamten Tierreich, teilt mit seinen Geräuschen den Artgenossen mit, *wo* er sich gerade befindet. Zudem brüllt eine gesamte Affenhorde, um eine andere Affenhorde zu verscheuchen oder um ihr zu verstehen zu geben, dass man im Besitz eines Reviers ist.

Es ist leicht, diese und andere Kommunikationen zu entziffern, wenn man die Gewohnheiten, das Habitat und die Probleme dieser Affenart kennt. Der Schlüssel hierzu: *Beobachtung.*

Brüllaffen leben in Mittel- und Südamerika, in den unterschiedlichsten Wäldern – in Regenwäldern, Wäldern mit Laubbäumen und in Gebirgswäldern. Und sie kämpfen um ihre Reviere in eben diesen Wäldern. Weiß man um diesen Umstand, kann man relativ leicht Rückschlüsse auf die Inhalte ihrer Kommunikation ziehen.

Auch das Problem, *wo* sich ein Affe befindet, hat mit Raum zu tun.

Der Buntspecht

Wie fast jedes Tier ist auch der Buntspecht daran interessiert, seine Art fortbestehen zu lassen. Das Problem des Buntspechtes besteht darin, einen Partner auf sich aufmerksam zu machen. Mit dem trommelartigen Klopfen des Schnabels lockt er einen Partner an. Aber nicht anders als der Brüllaffe grenzt er mit seinen Geräuschen ebenfalls sein Revier ab. Zahlreiche Kommunikationen in der Tierwelt ranken sich um die Paarung, das Futter und die Sicherheit. Das Trommeln des Buntspechtes besteht aus rasend schnellen Schnabelschlägen, 10- bis 15-mal innerhalb von zwei Sekunden.

Hohle Baumstämme und tote Äste werden dazu benutzt, manchmal sogar Regenrinnen. Ein regelrechter Trommelwirbel erklingt. Eichenwälder und Buchenmischwälder sind für diesen Vogel der ideale Lebensraum, weil er hier leichter Möglichkeiten findet, um zu trommeln.

Das Chamäleon oder farbliche Veränderungen

Viele Tiere nutzen die Änderung ihrer Körperfarben, um zu kommunizieren. Das Chamäleon gebraucht seine verschiedenen Farben nicht nur, um sich zu tarnen, sondern auch seine eigene Stimmung und Emotionen drücken sich dadurch aus. Mittels unterschiedlicher Farben kommunizieren Chamäleons mit ihren Artgenossen – noch kennen wir nicht die genauen Inhalte eben dieser Kommunikationen.

Wie das Chamäleon seine Farben ändert? Das Tier verfügt unter der Haut über zwei Zellschichten, deren Zellanordnungen es willkürlich ändern kann. Das hat einen Einfluss auf die Hautschicht darüber. Das Licht wird nun auf unterschiedliche Art und Weise gebrochen und reflektiert, so dass unterschiedliche Farben das Ergebnis sind.

Auch einige Fischarten können ihre Farben verändern, wie etwa der Fächerfisch. Er benutzt ebenfalls verschiedene Farben dazu, um sich mit anderen Fächerfischen zu verständigen.

Eine bestimmte Oktopusart dagegen gebraucht die Fähigkeit, farblich ihr Aussehen zu verändern, als Warnsignal, denn das Tier lebt im Meer, es besitzt viele Feinde und es lebt gefährlich.

Die Farbveränderung kann also abhängig von der Tierart völlig unterschiedliche Signale und Informationen beinhalten.

Weitere Tiersprachen

Der Tümmler, genauer gesagt eine bestimmte Unterart, kommuniziert mit Pfeiftönen. Kattas sprechen mit dem langen Schwanz; sofern er hochaufgerichtet ist, erkennen sich daran die einzelnen Mitglieder. Der Leierschwanz, eine Vogelart, stellt seinen Schwanz auf wie ein Pfau und führt einen bestimmten Tanz auf, während er einen regelrechten Gesang anstimmt; all das dient ihm dazu, Weibchen anzulocken. Leuchtkäfer blinken, um Paarungsbereitschaft zu signalisieren. Der Schwertwal aus der Familie der Delphine verständigt sich mit Pfeiftönen, aber jede Walgruppe verfügt über ihren eigenen Dialekt, wie man das nennen könnte in Anlehnung an die Menschensprachen, Klicklaute helfen ihnen zudem bei der Orientierung. Der Seeleopard benutzt "lang gezogene, dröhnende Laute, zur Verständigung mit Artgenossen."[1] Der Waldrapp, eine Vogelart, stimmt einen lauten Ruf an und verbeugt sich vor einem Mitglied seiner eigenen Vogelfamilie, als würde er sich auf einem Wiener Hofball im 18. Jahrhundert befinden. Zebras kommunizieren mittels Gerüchen und ebenfalls mit ihrer Stimme, darüber hinaus verraten ihnen die Streifen, die sie haben, etwas über die Individualität eines Artgenossen, denn kein einziges Zebra gleich einem anderen in Bezug auf diese hübschen Schwarz-Weiß-Striche auf ihren Körpern.

Und so erkennt man sehr rasch, dass die Körperbeschaffenheit, die weitere Umgebung, das unmittelbare Habitat und die Herausforderungen der Umwelt stets einen größeren oder kleineren Einfluss darauf ausüben, welcher "Sprache" sich ein Tier bedient.

Subjektive Faktoren

Auf die eben beschriebene Art geht der Wissenschaftler vor, der Biologe und Zoologe. Diese Herangehensweise ist beileibe nicht zu kritisieren. Dennoch darf man nie vergessen, dass es eine Sprache gibt, die über allen Sprachen angesiedelt ist: eben die Telepathie. Bei ihr handelt es sich gewissermaßen um eine Universalsprache, die jedes lebende Wesen spricht.

Darüber hinaus muss man festhalten, dass man nie den subjektiven Faktor außer Acht lassen darf – jedenfalls wenn es darum geht, dass ein Mensch versucht, mit einem Tier Kommunikation aufzunehmen. Sobald der Mensch auf den Plan tritt, kommen ganz andere Faktoren ins Spiel.

Man könnte von Vorurteilen sprechen, die es verhindern können, dass ein Mensch mit einem bestimmten Tier oder einer Spezies Kontakt aufnimmt. Andere Ausdrücke wären: falsche Ideen, fixe Ideen oder frühere falsche Programme, die ein Mensch abgespeichert hat und die er bezüglich einer Tierart unbewusst abspult. Sie alle können sich als Stolperstein entpuppen, wenn es um die Kommunikation des Menschen mit dem Tier geht.

Eine bemerkenswerte Geschichte hierzu kann das illustrieren ...

Das Mädchen und der Schmetterling

Im Sommer 2018 beobachtete ich in Südfrankreich folgendes Ereignis: Im Pool eines Hotels plantschte fröhlich und unbeschwert ein schätzungsweise 13-jähriges Mädchen, als plötzlich ein Schmetterling auf es zuflog. Das Kind erschrak, obwohl es sich nur um einen Schmetterling handelte. Sofort stieg es aus dem Wasser. Der Schmetterling aber flog ihm hinterher, er verfolgte es förmlich.

Das Mädchen strömte die Emotion Angst aus. Es setzte sich rasch auf einen Liegestuhl und versuchte, den aufdringlichen Schmetterling zu verscheuchen. Das Tierchen umschwirrte es jedoch hartnäckig weiter, wie eine Motte das Licht. Das Mädchen wurde auf einmal von regelrechter Panik gepackt. Wild schlug es um sich, aber nichts nutzte. Daraufhin deckte es sich mit einem großen Badetuch zu, es verkroch sich darunter. Unbeweglich blieb es liegen und rührte sich nicht. Der Schmetterling drehte noch einige Kreise und umflatterte den Liegestuhl. Nach einer Weile verschwand er.

Man erlaube mir eine Interpretation: Ein "spirituelles Gesetz", wie man das nennen könnte, besagt, dass man genau das, was man verzweifelt *nicht* haben will, doppelt so stark und mit Macht erhält. Das Mädchen empfand Angst – vor einem ungefährlichen, hübschen Schmetterling, man stelle es sich vor! Also zog es den Schmetterling förmlich an. Es fühlte sich von ihm sogar verfolgt. Je intensiver es versuchte, den Schmetterling zu verscheuchen, umso hartnäckiger "klebte" er an dem Kind. Der Mensch *projiziert* also direkt etwas auf die Umwelt um ihn herum, auch auf Tiere, die daraufhin entsprechend reagieren.

Theoretisch ist es ganz einfach: Man muss Schmetterlingen lediglich Zuneigung schenken und sie *lieben*. In diesem Augenblick umschwärmen uns diese ästhetischen Tierchen auf eine wunderbare Art, in positiver Weise.

Es ist also unsere eigene *Emotion*, die dafür verantwortlich ist, wenn seltsame Reaktionen seitens der Tierwelt auf uns zukommen. Unsere eigenen Vorurteile oder alten, unbewussten Programme, wie ich das gerne nenne, sind dafür verantwortlich, wie sich Tiere uns gegenüber benehmen und wie sie zu uns "sprechen". Wir senden etwas aus – in Richtung Tier. Daraufhin erhalten wir genau das zurück.

Wenn wir in Richtung eines Löwen die Emotion/den Gedanken senden, dass er uns jagen, fressen und gern zum Frühstück verspeisen würde, so wird sich dieses Tier genau auf diese Art verhalten. Rennen wir gar zu schnell weg, fühlt sich der Löwe gleich zwei Mal aufgefordert, uns zu jagen und zu töten. Deshalb raten erfahrene afrikanische Buschleute stets, angesichts eines Löwen nie überhastet wegzurennen, sondern sich bestenfalls langsam und respektvoll zu entfernen. Der Rat gilt auch für gefährliche Braun- oder Grizzlybären.

Wir projizieren also zu einem gewissen Grad unseren Geist in den Geist des Tieres und verändern damit die Realität. In diesem Sinn gibt es kaum objektive Tests der Tierwelt, gleichgültig wie neutral eine Versuchsanordnung auch sein mag. Immer spielt der Beobachter, der Tester, der Wissenschaftler selbst eine Rolle, ob er sich dessen bewusst ist oder nicht. Plakativ ausgedrückt: Es gibt keine Objektivität. Subjektiv erschaffen wir die Realität, und wenn wir nur sprachgewandt genug sind und über genügend respektheischende Titel verfügen, nennen wir sie stolz Objektivität.

Noch einmal: Verschiedene Tiersprachen

Nehmen wir an, wir fürchten uns vor dem Brüllaffen. In diesem Moment werden wir als Wissenschaftler sein Gebrüll daraufhin untersuchen, inwiefern es Zorn ausdrückt und gefährlich ist. Der Wissenschaftler wird sehr leicht entdecken, dass die Brüllaffen ihre Reviere mit ihren Lautäußerungen verteidigen. Aber es wird ihm bereits schwerer fallen zu entdecken, dass Brüllaffen auch *miteinander* auf diese Art kommunizieren, ohne dass Furcht, Angst oder Zorn eine Rolle spielen.

Wenn wir von vornherein davon ausgehen, dass Tiere in erster Linie an der Fortpflanzung interessiert sind, wenn uns dieses "Programm" also allzu geläufig ist und wir zu viel Sigmund Freud gelesen haben, ironisch gesagt, werden wir bei Buntspechten entdecken, dass sie mit ihren Trommelwirbeln Weibchen anlocken. Wir werden seine anderen Kommunikationen, wie die Stellung des Körpers, den Umgang mit seinem Gefieder sowie andere "Gedanken" dagegen leicht ignorieren.

Unsere Erwartungshaltung diktiert bereits zu einem gewissen Grad das Ergebnis, ja wir nehmen es vorweg.

Und die Kommunikation von Chamäleon zu Chamäleon? Hier werden wir die Farbveränderungen ebenfalls aufgrund unserer fixen Ideen und alten Programme interpretieren. Noch habe ich mich mit keinem Chamäleon unterhalten, aber ich könnte mir sehr gut vorstellen, dass dieses interessante Tier auch eine Art Unterhaltungskünstler ist. Ich weiß es nicht. Aber es wäre ein bemerkenswertes Experiment, das Tier einmal direkt zu befragen.

12.

DER UNTERSCHIED ZWISCHEN MENSCH UND TIER

Bevor wir auf die erstaunlichen Möglichkeiten eingehen, die sich aus den vorangegangen Kapiteln ergeben, muss ich zunächst auf die Unterschiede zwischen Mensch und Tier aufmerksam machen. Obwohl ich Tiere wirklich und ehrlich respektiere, heißt das nicht, dass ich Menschen neben oder unter Tieren ansiedele.

In Kurzform gesprochen ist dies die Wahrheit: Man könnte den Menschen mit einer Art Laser vergleichen, der per Absicht seinen gefühlten Glauben in sein Gegenüber förmlich hineinschießen kann – in unserem speziellen Fall in das Tier. Menschen können *ihre* Realität erschaffen, weil sie über höhere, mächtigere spirituelle Fähigkeiten verfügen als das Tier. Der Mensch verfügt über Vorstellungskraft, Imagination und Fantasie sowie über einen freien Willen. Seine anderen Qualitäten, die einzigartig sind: Gedächtnis, Verstand und Intuition – obwohl man Spuren davon auch in Tieren findet.

Tiere und Pflanzen passen sich an ihre Umgebung an. Normalerweise finden sie sich darin hervorragend zurecht. Sie benötigen im Grunde genommen den Menschen nicht. Aber der springende Punkt ist: Tiere *akzeptieren* eine gegebene Realität und ihre Umgebung.

Der Mensch hingegen verfügt über die Fähigkeit, bewusst Realität und die Umgebung *verändern* zu können. Er kann im Idealfall sein eigenes Leben in die Hand nehmen und es so gestalten, wie er es für richtig hält. Er passt die Umgebung sich an. Er ist kreativ und kann sein eigenes Leben "zeichnen", wie ein Maler ein Bild.

Die Fallgrube

So weit die grundsätzlichen Unterschiede.

Die vollständige Wahrheit besteht allerdings darin, dass sich die meisten Menschen ihrer Schöpferkraft und Kreativität nicht mehr bewusst sind. Sie haben ihre "höheren" Talente vergessen oder nutzen sie nicht beziehungsweise in zu geringem Maße. Sie wissen nicht, wozu sie *tatsächlich* fähig sind, und haben vergessen, wie sie sich ihre Träume erfüllen können.

Der Grund: Menschen spulen "Programme" ab, am laufenden Band. Sie leben manchmal das Leben ihrer Mutter, ihres Vaters, ihrer Vorfahren oder das eines Freundes – nur nicht ihr eigenes Leben. Auf diese Weise kommt es zu vorgefassten Ansichten und fixen Ideen, die ich "Programme" nenne. Viele Menschen besitzen nicht die geringste Möglichkeit, sich von diesen alten Programmen freizumachen. Sie werden wieder und wieder "abgenudelt", wie eine alte Schallplatte, die ständig über die gleiche Stelle kratzt.

Zu viele Zeitgenossen lassen sich zudem vom TV, Radio und Internet mit Nachrichten/falschen Programmen beeinflussen. Ungefiltert nehmen sie "Nachrichten" für bare Münze und halten sie für die Wahrheit. Sie lassen sich durch die Katastrophenindustrie, wie die Medien auch genannt worden sind, in Angst und Schrecken versetzen. Und so schluckt Otto Normalbürger alles, was ihm vorgesetzt wird. Alle möglichen Fehlinformationen gelangen zuerst in sein Bewusstsein und dann in sein Unterbewusstsein, er überprüft selten etwas auf seine Richtigkeit hin. Das Unterbewusstsein, um den vielstrapazierten Freudschen Ausdruck noch einmal zu gebrauchen, steuert ihn in der Folge, wie ein Autopilot. Ständig wird dabei sein Unterbewusstsein mit weiteren falschen Daten gefüttert. Das Ergebnis ist dann, dass sich Otto Normalbürger von seiner *Umwelt* steuern lässt. Er erschafft nun Dinge, Ansichten, Umstände und Gegebenheiten, die eigentlich von anderen ins Leben gerufen worden und unrichtig sind. Auf diese Weise vergisst er, wozu er selbst eigentlich fähig ist.

Die Kehrseite der Medaille

Sobald eine Person erkennt, dass sie etwas willkürlich erschaffen kann, tatsächlich fast alles, was das Herz begehrt, eröffnen sich neue Welten. Sie kann plötzlich durch ihre Schwingungen oder durch das, was sie ausstrahlt, ihre Realität verändern, beeinflussen und gezielt gestalten. Was eine Person in ihrem Innern fühlt, hat Einfluss auf das Äußere. Sie ist eine Art Generator, durch Gefühle und Gedanken erschafft sie neue Realitäten. Das aber bedeutet, sozusagen in metallener Kurzform gesagt:

Willst du Frieden, sei selbst Frieden.

Willst du Ruhe, gib Ruhe.

Möchtest du Freiheit bringen, repräsentiere und symbolisiere selbst Freiheit.

In Bezug auf die Tierwelt bedeutet dies:

Wenn du andere nicht beißt, beißt auch dich niemand.

Wenn du keine Angst hast, gebissen zu werden, beißt dich ebenfalls niemand.

Man muss dieses Stückchen Weisheit selbst austesten, um zu wissen, dass es zu einem erstaunlichen Grad funktioniert.

Wenn sich eine Person alter Programme und Beeinflussungsmechanismen bewusst geworden ist, kann sie anfangen, ihr Leben neu zu gestalten. Sie kann frische Ideen verfolgen, sich ein Ziel setzen, eine Vision aufstellen und aktiv jenes Leben leben, von dem sie schon immer geträumt hat.

Plötzlich kann sie ihre Umwelt steuern – und wird nicht von ihr gesteuert. Auch die Willensfreiheit ist unversehens gegeben. Mit dem freien Willen geht jedoch stets auch Verantwortung einher. Außerdem erkennt die Person, dass sie nicht mehr *Schuld* einfach auf andere abschieben kann. Die Opferrolle ist unwiderruflich passé, wenn man weiß, dass man selbst die Umwelt kreiert und erschafft. Die Person kann jetzt jedoch ihre geistigen Fähigkeiten weiterentwickeln, sie kann sich förmlich alles Mögliche wünschen, wird jedoch darauf achten, dass dies zum Wohle aller geschieht, nicht nur zum eigenen Vorteil.

Die Konsequenz ist, dass man mit seiner Fantasie und seinen geistigen Fähigkeiten förmlich Magie in die Welt setzen kann. Man kann "groß denken".

Die "Think big"-Bewegung, auf die viele Autoren wie Napoleon Hill etwa aufmerksam machten, nahm nebenbei bemerkt mit eben dieser Erkenntnis ihren Anfang:

Alles beginnt mit einer Idee, einem Gedanken.

Mit der Vorstellungskraft bringt eine Person die Zukunft in die Gegenwart. Notwendig dafür ist lediglich, sich auf den Wunsch, den Traum, zu konzentrieren.

Der Wille ist ausschlaggebend. Wichtig ist dabei, sich nicht ablenken zu lassen. Die Umwelt stellt uns am laufenden Band Reize zur Verfügung. Tatsächlich werden wir heute von Reizen geradezu überflutet. Aber wenn man systematisch Menschen studiert, die erstaunlich erfolgreich sind, erkennt man sehr schnell einen gemeinsamen Nenner: *Sie lassen sich nicht ablenken.* Sie besitzen die Fähigkeit zur Konzentration, sie können etwas fokussieren.

Der Wille ist für die Gedanken, was die Lupe für die Sonne ist. Man kann Energie damit gezielt bündeln und in die gewünschte Richtung lenken. Durch den Willen verleiht eine Person ihren Gedanken extreme Kraft. Plötzlich werden Gedanken so stark wie ein Laserstrahl.

Die hohe Kunst der Beobachtung

Nie außer Acht lassen darf man dabei die Kunst der Beobachtung – der Grund, warum ich in den vergangenen Kapiteln so ausführlich bei einigen prominenten Tierarten darauf eingegangen bin. Aber es gibt selbst hier Fallgruben: Nur der Mensch kann etwas aus *verschiedenen* Perspektiven betrachten. Genau dieser Umstand unterscheidet ihn von der Tierwelt. Der Mensch kann *andere* Gesichtspunkte einnehmen. Es ist also notwendig, *mehrere* Blickwinkel zuzulassen.

Und weiter: Von besonderer Bedeutung ist es, etwas *neutral* zu beobachten. Die meisten Menschen sind jedoch dazu nicht in der Lage. Gewöhnlich beharrt ein Mensch auf seiner eigenen Sicht der Dinge, gleichzeitig verurteilt er insgeheim andere Sichtweisen, lautstark oder zumindest insgeheim. Es handelt sich regelrecht um eine Wahrnehmungsstörung. Viele Wissenschaftler gehen also zu Unrecht davon aus, dass es so etwas wie "objektive Wahrnehmung" gäbe. Die meisten Menschen verfügen über "Wahrnehmungsfilter", wie man das nennen könnte. Auf diese Weise sehen sie bestenfalls Teile der Welt. Solche Menschen betrachten einen Gegenstand oder Umstand zum Beispiel vom Blickpunkt eines Mannes oder einer Frau aus, weiter spielen alte Erfahrungen, die Sprache, die Erziehung, ja die gesamte Kultur eine Rolle. Auch die eigene Stimmung, sowie Freude- oder Stresshormone können die objektive Wahrnehmung verhindern. Ein Musterbeispiel ist der "verliebte" Mensch. Er sieht plötzlich alles nur noch durch eine rosarote Brille. Der Gegenstand seiner Verliebtheit ist in seinen Augen vollkommen und perfekt. Sogar unser Selbstbild – die Vorstellung, die wir über unsere eigene Person haben – kann unsere Wahrnehmung blockieren und verfälschen.

Deshalb ist es notwendig, sich darin zu üben, etwas vollkommen neutral zu beobachten, gewissermaßen von einem Nullpunkt aus. Geht man genau so vor, das heißt, betrachtet man Dinge und Umstände erstens von anderen Standpunkten aus und bemüht sich zweitens um Neutralität, dann entdeckt man auf einmal voller Erstaunen, dass alte "Glaubenssätze" jeder Wahrheit entbehren. Konventionelle Annahmen lösen sich in Rauch auf und werden demaskiert als das, was sie sind: abergläubische Vorstellungen, die sich manchmal sogar hinter dem Wörtchen "Wissenschaft" verstecken.

Glaubenssätze und falsche Programme

Manchmal kann man sich selbst auf die Schliche kommen. Die meisten Menschen pochen lieber auf ihr "Recht", sprich auf ihren eigenen Gesichtspunkt, als sich alte Glaubenssätze oder Programme austreiben zu lassen oder sie aufzugeben. Aber je und je ist eine Person dazu in der Lage, einen alten Glaubenssatz zu hinterfragen und über Bord zu werfen. Sie hält ihn gewissermaßen ans Tageslicht, betrachtet ihn von vier oder fünf anderen Gesichtspunkten aus, zudem völlig wertneutral, und erkennt plötzlich, dass sie es nur mit einem Vorurteil zu tun hatte, das sie bislang kultiviert hat. – Nur der Mensch ist dazu in der Lage, und selbst in seinem Fall ist ein erstaunlicher Grad an Einsicht notwendig. Beherrscht man aber eben dieses Talent, kann man alle möglichen alten, falschen Glaubenssätze oder Programme über Tiere ablegen, die zuvor in der eigenen Vorstellungswelt herumgeisterten. Man kann sich zu völlig neuen Einsichten aufschwingen.

Hier einige Beispiele für falsche Glaubenssätze über die Tierwelt:

"Katzen sind falsch."

"Der Hund will von Haus aus jagen."

"Tiere haben keine Seele, sie sind Gebrauchsgegenstände."

"Schlangen sind hinterlistig."

"Ochsen sind dumm."

"Der Fuchs ist listig."

Ich bin sicher, jeder kann für zahlreiche Tierarten weitere Vorurteile oder Glaubenssätze/Programme hinzufügen. Doch genau solche Glaubenssätze verhindern, dass man mit Tieren überhaupt ein "Gespräch" beginnen kann.

Weitere Talente des Menschen

Im Übrigen verfügt nur der Mensch über ein (idealerweise) ausgezeichnetes Gedächtnis, obwohl man sogar bei Elefanten und Hunden bereits Ansätze von Erinnerungsvermögen entdeckt hat. Einmalig ist weiter eine Art inneres Ohr des Menschen, das von dem physikalischen Hörorgan völlig verschieden ist. Das Paradebeispiel hierfür ist Ludwig van Beethoven, der Musik vor seinem inneren Ohr "hören" konnte, obwohl er längst taub war. Tatsächlich kann man dieses innere Ohr oder den inneren Klang erfahren, wenn man sich nur darauf einstellt.

Das Gleiche gilt für die Intuition. Es gilt, sie zu entwickeln und auf das "Bauchgefühl", wie diese Wahrnehmung auch manchmal genannt wird, zu hören. "Stimme des Herzens" ist ein anderer Ausdruck hierfür. Die Stimme des Herzens sind Mitteilungen der Seele. Wenn wir uns darauf einlassen, dann empfangen wir in der Folge bestimmte Schwingungen, wie wir das nennen könnten, und manchmal tatsächlich konkrete Botschaften. Um mit Tieren ein Gespräch zu beginnen, ist es notwendig, auch diesen "Sinn" zu entwickeln.

Gleichzeitig kann man mit der Macht der eigenen Gedanken jonglieren und experimentieren.

Dr. Ken McFarland (1906-1985), ein US-amerikanischer Pädagoge, behauptete, dass nur 2 % der Menschen denken, 3 % denken, dass sie denken, und 95 % würden tatsächlich lieber sterben, als zu denken. Meiner Ansicht nach führt diese Aussage in die richtige Richtung: Wenn wir uns aktiv bemühen, eigene, frische, neue Gedanken in die Welt zu setzen, erschaffen wir etwas. Aufgrund des Verstandes verfügen wir über die Fähigkeit, bewusst Gedanken auszuwählen. Der Geist, die Seele – oder welchen Ausdruck man auch immer bevorzugt – ist der Ursprung aller Gedanken. Er kann sie in die Welt setzen und neue Gedanken entwickeln.

Mit Hilfe dieser Ideen kann man das eigene Leben verändern, aber auch auf ein Tier in positiver Weise Einfluss nehmen.

Gedanken sind Sinneswahrnehmungen meines Erachtens überlegen, denn Sinneswahrnehmungen – sehen, hören, riechen und so fort – führen von außen nach innen, Gedanken führen von innen nach außen.

Fängt man an, wirklich selbstständig zu denken, kann man Eindrücke und Ideen, die von außen auf uns zufliegen, annehmen oder ablehnen.

Über all diese Fähigkeiten verfügt das Tier nicht, auch nicht die Pflanze. Tiere und Pflanzen übernehmen die Schwingungen ihrer Umgebungen. Der Mensch dagegen kann Wirklichkeit erschaffen. Wirklichkeit, in diesem Sinne, ist allerdings nicht unbedingt gleichzusetzen mit Wahrheit, denn jeder Mensch verfügt über seine eigene Wahrheit.

Der Ablauf ist im Prinzip nicht kompliziert: Eine Person wählt gezielt einen Gedanken aus. In der Folge fokussiert oder richtet sie diesen Gedanken, den sie durch Willenskraft gestärkt hat wie einen Laserstrahl, direkt auf das Tier. Daraufhin "schießt" sie per Absicht den gefühlten Gedanken in Richtung des Tieres. Das Tier wird daraufhin diesen Gedanken auffangen und entsprechend reagieren.

Telepathie pur

Erinnern Sie sich noch an das erste Gespräch mit Inka, meinem Hund? Als ich erstmalig realisierte, dass ich mit Inka tatsächlich mental kommuniziert hatte, eröffnete sich auf einmal eine völlig neue Welt. Ich verzichtete in der Folge auf jede "artgerechte Behandlung", wie sie Hundetrainer predigten.

Noch in der gleichen Nacht begann ich, mich mit Inka aus-führlicher zu unterhalten. Meine Intuition verriet mir, dass es sich dabei um den richtigen Zeitpunkt handelte. Ich teilte Inka mit, dass sie ab sofort *frei* sei. Sie könne nun tun und lassen, was sie wolle. Das Gespräch fand erneut vollständig auf einer mentalen Ebene statt. Inka nahm meine "Worte" (= Gedanken) zufrieden zur Kenntnis.

Am nächsten Tag marschierte ich in meinen Garten und öffnete das Türchen, um Inka in den Vorgarten zu lassen. Sie sprang die Treppe herunter, und ich legte mich in meinen Liege-stuhl und vertiefte mich in ein Buch. Nach einer Weile beschlich mich ein unangenehmes Gefühl ... Inka hatte sich lange nicht bli-cken lassen. Also schaute ich besorgt nach ihr.

Inka saß unter der Treppe und blickte zu mir hoch. Ich rief nach ihr und benutzte dazu ein paar Menschenworte. Plötzlich verschwand sie, auf einmal war sie wie vom Erdboden verschluckt. Damit hatte ich nicht gerechnet. Aber ich wusste natürlich, was die Uhr geschlagen hatte.

Stunden vergingen, und schließlich fühlte ich mich ziemlich hilflos. Natürlich hätte ich Inka suchen und aufspüren können. Doch genau dies wollte ich vermeiden. Schließlich hatte ich ihr die Botschaft zukommen lassen, dass sie frei war. Ich musste zu meinem Wort stehen.

Die Zeit schritt unaufhaltsam voran und die Nacht brach he-rein. Schließlich fühlte ich Verzweiflung in mir aufsteigen. Kurz darauf rannen mir die Tränen in Strömen über die Backen. Wo war Inka? Aber ich wusste, ich musste zu 100 % Verantwortung übernehmen. Ich hatte mir das alles selbst eingebrockt.

Immerhin wusste ich: Was ich aussende, das empfängt Inka. Was ich ausstrahle, das kann sie lesen. Ich überlegte, welche Bot-schaft ich ihr zukommen lassen sollte. Ich dachte intensiv den Gedanken, dass ich bereit war, alles zu vergessen, was ich jemals über Hunde gehört oder geglaubt hatte, und dass ich willens war, jedes alte Programm über Bord zu werfen. Dennoch fühlte ich mich denkbar unwohl und im Stress: Inka war noch immer nicht stubenrein, sie verhielt sich eigenartig bei den Spaziergängen und jetzt war sie nicht mehr auffindbar. Inka empfing die Botschaft, dass ich Stress empfand.

Schließlich entschuldigte ich mich bei ihr mental. Dann setzte ich den Gedanken in den Raum, wie wir zusammen voller Liebe glücklich über eine Wiese laufen. Nur eine einzige Sekunde später kam Inka angerannt. In diesem Moment wusste ich, dass wir fähig waren, uns telepathisch zu verständigen. Augenblicke später lag sie in meinen Armen. Vor Freude fraß sie mich fast auf. Ich war völlig aufgelöst, weil ich das telepathische Erlebnis voll bewusst herbeigeführt hatte.

Ich gehe davon aus, dass Inka einfach meine Schwingungen empfing. Ohne Worte. Ohne Blickkontakt. Und sie hatte perfekt reagiert. Hinzufügen muss ich, dass sie sich mindestens 40 Meter von mir entfernt befand, als sie auf meine Gedanken hin zu mir jagte. Von diesem Moment an wusste ich unzweifelhaft, dass ich nach Belieben telepathisch mit Inka kommunizieren konnte. Ich verzichtete künftig darauf, ihr eine Leine anzulegen. Gemeinsam marschierten wir in den folgenden Tagen verschiedene Waldwege entlang. Ich verzichtete darauf, sie zu kontrollieren, und dennoch verhielt sie sich perfekt. Ich sprach nur noch selten Menschenworte in ihre Richtung und wenn, dann nur, um meine *Gedanken-Gefühle* zu unterstützen. Ich realisierte, mein Unterbewusstsein befand sich nun zumindest zu einem gewissen Grad unter meiner Kontrolle, ich hatte alte Programme über Bord geworfen.

Nun konnte ich gewissermaßen losfliegen und mich auf ein vollständig neues Abenteuer einlassen. Aber als es galt, mich in die Lüfte zu erheben und einfach auf meine neue Fähigkeit zu vertrauen, wusste ich unvermittelt, dass ich noch sehr viel zu lernen hatte. Ich musste mich "feintunen", wie das der Techniker vielleicht ausdrücken würde. Noch heute bekomme ich feuchte Hände, wenn ich daran zurückdenke, wie mein neues Leben begann.

Doch schon am dritten Tag nach diesem nächtlichen Gespräch trippelten wir zufrieden gemeinsam durch verschiedene Straßen, vollkommen ohne Leine. Jeder Tag wurde besser und besser. Inka lief nie mehr davon. Ich vertraute ihr umgekehrt zu 100 % – weil ich anfing, *mir* zu vertrauen. Ich stellte fest, dass es ein vollständig anderes Gefühl ist, einen Hund ohne Leine zu führen, völlig frei. Es ist eine Welt voller Wunder.

Zugegeben muss ich jedoch, dass man diese meine Erfahrung nicht einfach 1:1 abkupfern und nachahmen kann. Ich schätze, 99 % aller Hunde würden einfach davonlaufen, wenn man sie von der Leine befreit. Der Grund dafür liegt in den hinderlichen Programmen, die Herrchen oder Frauchen unbewusst abspulen.

Immerhin gibt es einen Weg, der in die richtige Richtung führt.

Heute weiß ich, dass nur eine Person, die sich des Umstandes bewusst ist, dass sie alte Programme besitzt, und sie ausräumt, bei einem solchen Experiment gewinnen kann. Wenn dies jedoch der Fall ist, sind einige erstaunliche Kabinettstückchen möglich.

13.

Eine ungewöhnliche Methode, seine Führungsqualitäten zu verbessern

Kommen wir noch einmal auf den Hund zu sprechen, denn mit ihm sind einige Kunststücke möglich, die auf den ersten Blick unmöglich erscheinen.

Hunde sind schier unglaubliche Gesprächspartner, aber die wenigsten Halter wissen, um welchen Schatz es sich dabei eigentlich handelt und wie man das theoretisch und praktisch nutzen kann.

Die Umkehrung

Tatsächlich ist es erstaunlich, wozu ein Gespräch mit einem Hund dienen kann. Der eigene Hund kann einer Person helfen, zu einer Führungskraft/zu einem Leader aufzusteigen – oder bescheidener gesagt: Er kann eine Person unterstützen, Führungsqualitäten zu entwickeln.

Aber wie kann man das bewerkstelligen?

Nun, zunächst muss man beobachten und noch einmal beobachten, wie sich der Hund benimmt und wie er auf die eigene Person reagiert. Nehmen wir an, Sie geben Ihrem Hund eine Anweisung. Die Frage, die Sie sich danach stellen sollten, lautet: Führt er sie aus? Wie reagiert er darauf? Hören Sie genau zu, was Ihr Hund zu erzählen hat! *Lernen* Sie bescheiden von Ihrem Hund! Doch was ist überhaupt eine Führungspersönlichkeit oder ein Leader, wie man im Englischen so schön sagt? Nun, eine echte Führungskraft *dient* seinen "Untergebenen", er dirigiert sie nicht nur herum und nutzt sie nicht aus. Sie verhält sich keineswegs wie ein absolutistischer Herrscher, der seine Untertanen lediglich herumscheucht und vornehm mit dem kleinen Finger wedelt. Einem drittklassigen Leader dienen die "Untergebenen" nur dazu, das eigene Ego weiter aufzublasen. Er denkt nur an sich, nie an die anderen. Ein guter Leader dagegen dient, wie gesagt, seinen Mannen, er ist mehr darum besorgt, dass es ihnen gut geht als ihm selbst.

Wie also sollte man vorgehen, wenn man "Leadership" förmlich erlernen will? Die folgende Aussage ist revolutionär und wird auf Widerspruch stoßen, aber sie hat den Vorteil, dass sie anwendbar ist: Man muss seinem Hund *dienen*. Das hört sich zunächst vergleichsweise kühn an, aber probieren Sie es einfach einmal aus! Ein begabter natürlicher Leader versucht tatsächlich niemals, seinen Hund abzurichten. Er bemüht sich im Gegenteil, seinen Hund freundlich dazu aufzufordern, ja zu bitten, mit ihm beispielsweise einem Spaziergang zu machen. Er arbeitet nicht mit Zwang. Er "verkauft" sich auch nicht selbst auf eine hinterlistige, heimtückische Art. Das heißt, er "lockt" den Hund nicht mit einer Wurstscheibe zum Beispiel oder mit anderen Mätzchen.

Man muss realisieren, dass ein Hund seinem Herrchen oder Frauchen dann leicht und ohne Mühe folgt, wenn er ihn oder sie als Führungspersönlichkeit akzeptiert. Hunde lieben echte Leader. Wenn der Instinkt des Hundes sagt, dass sein Herr ein natürlicher

Leader ist, folgt er ihm automatisch, freiwillig und sogar voller Freude.

Eine echte Führungspersönlichkeit stellt also andere Menschen, die ihr anvertraut sind, an die erste Stelle. Das bedeutet selbstredend, dass man enorm über sich selbst hinauswachsen muss. Diese Art von Leader stellt den Hund tatsächlich zunächst über sich selbst. Er nutzt ihn als einen Lehrer. Er betrachtet sich als den Schüler des Hundes, da der Hund ja letztlich nur sein eigenes Verhalten spiegelt.

Das aber bedeutet: Echte, exzellente Führung ist nichts für schwache Menschen, denn es gehört eine enorme Größe und Stärke dazu, sich freiwillig unterzuordnen, und sei es auch nur um des Lerneffektes willen. Eine schwache Person dagegen wird sich immer bemühen, sich selbst in den Vordergrund zu schieben.

Geht man jedoch genau umgekehrt vor und beobachtet, wie der Hund auf die eigene Person reagiert, kann man erstaunlicherweise auf einmal Fehler bei sich selbst entdecken – und sie in der Folge ausräumen. Man kann den Hund also als einen Spiegel nutzen, um sich selbst zu verbessern. Wenn das keine atemberaubende Perspektive ist!

Aber es kommt noch besser ...

Wie man die Sache anpackt

Stellen wir uns vor, Sie beschließen, den Hund tatsächlich als Spiegel zu nutzen. Wie sollten Sie nun idealerweise dabei vorgehen?

Nun, normalerweise "schießt" der Mensch wie mit einer Art Laser seine Absicht und seine Gefühle/Gedanken in das Tier hinein. Der Hund könnte auf gewisse Weise als eine Art leere Zelle betrachtet werden, die nun reagiert und "befruchtet" wird. Der Hund verfügt aber lediglich über "Instinkt", und das aber bedeutet, er reagiert so, wie sich der Halter verhält. Er kopiert den Halter. In gewissem Sinne *ist* der Hund der Halter.

Idealerweise sollte der Halter im Innern exakt das fühlen und denken, was er nach außen hin zu transportieren und zu kommunizieren versucht. Ein Gespräch oder ein Austausch mit dem Tier nimmt sich in der Folge dann so aus: Der Halter beobachtet zunächst messerscharf, welche Wirkung er auf den Hund ausübt. Passt ihm eben diese Wirkung nicht und reagiert das Tier nicht auf eine Art und Weise, wie er es wünscht, oder ist das Tier irritiert und reagiert seltsam, so denkt er sofort darüber nach, was bei ihm *selbst* verbesserungswürdig ist.

Er "feintunt" sich daraufhin und verändert *seine* Einstellungen, Handlungen, Gedanken und Gefühle.

Danach versucht er erneut, auf den Hund eine Wirkung auszuüben – aber diesmal mit geänderten Vorzeichen. Daraufhin beobachtet er erneut wie ein Luchs, auf welche Weise der Hund diesmal reagiert. Ist die Wirkung so, wie er sie sich wünscht – bingo! Dann hat er in die Zwölf getroffen und wirklich etwas verbessert – auch was die *eigene* Person angeht.

Der intelligente Halter versucht mit anderen Worten, genau wahrzunehmen und einzuschätzen, was ein Hund auf eine seiner Anweisungen hin tut oder nicht tut. Daraufhin bezieht er das Ergebnis auf die eigene Person. Er fragt sich selbstkritisch, wenn etwas nicht funktioniert: Was habe ich gerade gedacht? Was habe ich gerade gefühlt? Wenn seine Worte und Handlungen nicht übereinstimmen mit seinen wahren Gedanken und Gefühlen, realisiert er, dass er auf Gold gestoßen ist. Er kann nun etwas verändern und verbessern.

Geht eine Person genau so vor, ist das Ergebnis immer und ausnahmslos spektakulär. Sobald der Halter erkennt, was er *selbst* korrigieren muss und was *er* falsch gemacht hat, treten positive Änderungen ein. Noch einmal: Auf diese Weise kann der Halter wertvolle Einsichten über sich selbst gewinnen. Ja, er kann sogar herausfinden, wie er zu einer echten Führungspersönlichkeit aufsteigen kann, denn sein Hund wird ihn stets spiegeln, mit all seinen Gedanken und seinen Gefühlen. Es handelt sich also um einen interessanten Lernprozess, dem man sich auf diese Art und Weise unterziehen kann.

Vertiefen wir den Vorgang noch einmal: Zunächst beobachtet der Halter den Hund, sobald er eine Kommunikation geäußert und eine Anweisung gegeben hat. Dann fragt er sich: Was passiert genau mit dem Hund? Reagiert der Hund nicht so wie erwünscht? Der Halter erkennt daraufhin, was *er* falsch gemacht hat. Vielleicht fliegt ihm die Einsicht zu, dass er ein altes Programm löschen muss. Das alte Programm mag ihm suggerieren, dass Hunde drittklassige Geschöpfe sind, die sich froh schätzen können, so ein fabelhaftes Herrchen wie ihn zu haben. Eine klare Abwertung des Tieres! Oder ein altes Programm kann ihm einflüstern, dass jeder gefälligst seinen Anweisungen zu 100 % folgen muss, einschließlich seiner Ehefrau und seinen Kindern, ansonsten setzt es was. Was für eine elende Haltung!

Was auch immer ausgeräumt werden muss ... in der Folge gibt der Halter seinem Hund erneut eine Anweisung, die aber nun mit völlig anderen Gefühlen/Gedanken einhergeht. Sie sind gekennzeichnet von Zuneigung, Liebe und Respekt, außerdem versucht der Halter nun, das Tier in seinem eigenen Kontext zu verstehen.

Kurz gesagt beurteilt der Halter sich selbst, er benutzt dazu die Reaktion seines Hundes. Daraufhin ändert er sein Verhalten. Und siehe da, der Hund wird nun gänzlich anders reagieren. Da er insbesondere die Gefühle und Gedanken seines Herrchens oder Frauchens aufschnappt, wird das Tier bemerken, dass sich etwas verändert hat. Und da der Hund nur das Verhalten des Besitzers widerspiegelt, wird "magischerweise" auch das Verhalten des Tieres zum Positiven hin verändert.

Wiederholen wir noch einmal diesen wichtigen Punkt: Geht der Halter genau so vor, entdeckt er nach einer Weile mit Erstaunen, dass er, wenn er den Hund beurteilt, immer über sich *selbst* ein Urteil ausspricht. Es ist nicht etwa der Hund, den er beurteilt und korrigiert, er beurteilt und korrigiert sich selbst. Aphoristisch ausgedrückt: Ein Gespräch mit einem Hund ist immer eine Art Selbstgespräch.

Diese Methode vermittelt ein völlig neues Verständnis davon, welche Perspektiven sich eröffnen, wenn es einer Person tatsächlich gelingt, in Kommunikation mit einem Tier zu treten. Es handelt sich um vollständig neue Dimensionen, die sich hier auftun. Wenn man seinen Hund als "Trainer" betrachtet, der auf die eigenen Fehler aufmerksam macht und hilft, diese auszuräumen, steigt das Tier auf zum Lehrer des Menschen.

14.

WIE MAN KRANKHEITEN ZU LEIBE RÜCKEN KANN

Der Überraschungen noch nicht genug! Selbst die *Krankheiten* eines Hundes kann man ganz anders betrachten, wenn man sich plötzlich eins fühlt mit der Tierwelt.

Betrachten wir noch einmal den Hund. Meiner Erfahrung und Beobachtung nach sind Halter und Hund durch gemeinsame Schwingungen miteinander verbunden. Das aber bedeutet, dass die Krankheiten, die das Tier heimsuchen, mitunter einschließlich der Symptome, ursächlich mit dem Halter zu tun haben ... oder zu tun haben können. Mit anderen Worten: Der Hundebesitzer hat ein Problem, das ihm der Hund aufzeigt – indem er krank wird.

Ich habe bereits darauf hingewiesen: Der Hund könnte als eine Art Zelle betrachtet werden, die der Halter befruchtet und füllt, und zwar mit seinen Gedanken, Gefühlen und Glaubenssätzen. In der Folge formen diese den Hund und finden Ausdruck in seinem Körper.

Das bedeutet nicht, dass der Halter immer die gleichen körperlichen Symptome zeigt wie der Hund, obwohl selbst dies möglich ist. Aus meiner Praxis kenne ich ein Beispiel, da zeigte ein

Hund die gleiche Grasallergie wie sein Halter. Aber es muss sich nicht notwendigerweise so verhalten. Doch immer richtig ist: Die Krankheit des Hundes kann als Botschaft in Richtung Mensch verstanden werden.

Die Theorie

Naturheilkundler weisen immer wieder darauf hin, dass man nicht nur die "Oberfläche" und Symptome einer Krankheit behandeln sollte, sondern zum Kern des Problems vordringen muss, will man bei einer Heilung Erfolg haben.

Die meisten Menschen unternehmen erst in dem Augenblick etwas gegen eine "Krankheit", wenn sich konkrete Symptome zeigen und das Kind bereits in den Brunnen gefallen ist. Behandelt man nun jedoch nur die Symptome, so kommt es zu einer Symptomverschiebung, nicht zu einer Heilung. Wahre Heilung ist nur dann möglich, wenn man zu der Ursache vordringt.

Die "Ursache" ist normalerweise mit dem bloßen Auge nicht zu erkennen. Sie liegt tiefer. Oft gab es einen Konflikt, der nicht gelöst wurde. Vielleicht befand sich eine Person noch im Kindesalter und konnte nicht entsprechend handeln, um einen Konflikt auszuräumen – oder möglicherweise fehlte ihr die Kraft, eine Lösung systematisch zu verfolgen. Jedenfalls wurde der Konflikt verdrängt, er blieb bestehen und der Mensch trug diesen Konflikt in den Folgejahren weiter und weiter mit sich herum, wie eine Last. Das zugrunde liegende Problem wurde immer drängender und unangenehmer und schließlich zeigte es sich massiv – eben in Form von Krankheitssymptomen. Die wahre Ursache mag aber in der Kindheit liegen oder wo auch immer.

Notwendige Einschränkung

Nun behaupte ich nicht, dass man mit Hilfe seines Hundes alle seine eigenen Krankheiten heilen könnte. Bei der Schulmedizin und bei der Naturheilkunde handelt es sich um unvorstellbar umfangreiche Fachgebiete, die Ärzten und Heilpraktikern vorbehalten bleiben sollten und die ihre Existenzberechtigung besitzen, ja die notwendig sind und einige der größten Fortschritte in der Menschheitsgeschichte einläuteten. Ich behaupte lediglich, dass es eines Tages vielleicht möglich sein wird, einen Zusammenhang zwischen den Krankheiten des eigenen Hundes und den Krankheiten des Halters festzustellen.

Es wäre unklug, sich an dieser Stelle über mögliche Therapie- und Heilerfolge auszulassen, zumal sie speziell in den Augen der Herren Psychologen und Psychoanalytiker nicht anerkannt werden würden. Aber es muss zumindest erlaubt sein, auf einen möglichen Zusammenhang hinzuweisen – auf den Zusammenhang zwischen der Krankheit eines Hundes und seines Halters.

Natürlich besteht nie eine 100%-ige Übereinstimmung; denn wie sollte man ansonsten Krankheiten beurteilen, die Hunde in freier Wildbahn befallen – ohne dass ein Mensch zugegen ist? Aber manchmal gibt es einen Zusammenhang. Immer wieder stellte ich jedenfalls fest, dass mitunter bemerkenswerte "Verbindungen" zwischen den Krankheiten eines Hundes und seines Halters existieren können. Meines Erachtens liegt hier noch ein weites Forschungsgebiet vor uns. Ich schließe nicht aus, dass es eines Tages sogar eine neue Diagnosemöglichkeit geben wird, in deren Mittelpunkt tatsächlich ... der Hund steht.

Meine Beobachtungen

Immer wieder konnte ich feststellen, dass ein Hund dann von Krankheiten befallen wurde, wenn mit Herrchen oder Frauchen etwas nicht stimmte. Das Tier litt wegen des Halters, manchmal litt es *wie* der Halter.

Persönlich gehe ich davon aus, dass es möglich ist, mit Hilfe der Intuition diesem Zusammenhang auf die Spur zu kommen. Manchmal kann die innere Stimme einem Hundebesitzer verraten, wo der Hase im Pfeffer liegt ... um ein anderes Tier bildhaft in die Gleichung mit einzubeziehen.

Ich kenne Beispiele, da es Hundebesitzern gelang, eben dieser Verbindung auf die Schliche zu kommen. Aber diese Art der Vorgehensweise ist noch zu jung, als dass man allgemein verbindliche Schlüsse daraus ziehen könnte.

Jedenfalls ist es meines Erachtens mehr als erstaunlich, dass mitunter sogar der eigene Hund als Signal und Wächter dienen kann, wenn es um das körperliche Wohlbefinden des Halters geht. Der Hund spiegelt den Halter – in allen möglichen Beziehungen. Auf eben diesen Umstand wurde in der Literatur meines Wissens noch nie aufmerksam gemacht. Und nie wurden die entsprechenden intellektuellen und praktischen Konsequenzen aus dieser Beobachtung gezogen.

Selbst wenn man meinen Ausführungen über Hundekrankheiten skeptisch gegenüberstehen sollte – die richtige Einstellung besteht darin, diesen Gedanken zunächst einmal überhaupt zuzulassen und grundsätzlich offen zu sein für neue Beobachtungen.

Fest steht grundsätzlich, dass nahezu jeder erwachsene Mensch mit Schockerlebnissen fertig werden muss und er zudem fast immer über Gewalterfahrungen und über Traumata verfügt. Die Möglichkeit, ihnen mit Hilfe des eigenen Hundes auf die Spur zu kommen, bietet eine völlig neue Perspektive. Das Verhältnis

Mensch – Hund, obwohl so viel darüber geforscht wurde, ist meiner Meinung nach längst noch nicht vollständig ausgelotet.

15.

TIERLIEBE, DIE HINTERFRAGT
WERDEN MUSS

Speziell wenn das Vertrauen eines Menschen in seine Mitmenschen zerstört wurde, wendet sich die Person oft der Tierwelt zu. In der Folge kann sie nur noch Tieren oder Pflanzen "Vertrauen" entgegenbringen. Das erklärt die übertriebene oder zwanghafte Zuneigung vieler Menschen zu Tieren. Streng davon zu unterscheiden ist die Liebe zu Tieren, der keine heimliche Berechnung und keine Enttäuschung zugrunde liegt.

"Wahre Liebe", um diesen vielstrapazierten Ausdruck zu gebrauchen, speist sich nicht aus Verzweiflung oder einem früheren Vertrauensverlust. Nein, man sollte Tieren aufgrund ihrer eigenen Welt Respekt entgegenbringen und höchste Zuneigung für sie empfinden. Aber ich bin nicht blind für den Umstand, dass die vorgebliche "Tierliebe" auch über das Ziel hinausschießen kann und ihre Ursache auf einem ganz anderen Feld zu suchen ist.

Leider konnte ich mehr als einmal erleben, dass Hunde, Katzen, Pferde und Meerschweinchen nur eine Art *Ersatz* darstellten, um ein emotionales Defizit auszugleichen. Speziell Hunde gelten als treue Gefährten, und manche Tierhalter glorifizieren ihr Tier manchmal regelrecht. Und so hört man oft, dass es "keinen treueren Begleiter" oder "keine treue Seele" gäbe als den eigenen Hund. "Mein Hund würde mich nie enttäuschen", hört man dann. Oder: "Mein Hund würde mich nie im Stich lassen." Wenn man in einem solchen Fall unschuldig nachfragt, ob das auch der Fall sei, wenn bei einem Spaziergang am Wegrand ein saftiger Hamburger zu finden ist, reagieren solche Hundehalter verunsichert. Manche werden wütend, einige lachen, wieder andere zeigen Verlegenheit. Ein altes Programm, das über die "Treue des Hundes" besteht, kippt mit einer solchen Frage förmlich weg, es löst sich in Wohlgefallen auf.

Fakten, Fakten, Fakten oder ein paar unangenehme Wahrheiten

Es ist richtig, dass Hunde Sicherheit und Stabilität suggerieren. Das hat teilweise damit zu tun, dass es innerhalb eines Rudels oder innerhalb einer "Hundefamilie" genaue hierarchische Strukturen gibt – das nimmt zumindest der Mensch an, der selbst hierarchische Systeme bevorzugt. Das verspricht Stabilität. Hunde verfügen zudem über einen ausgeprägten Gemeinschafts- und Familiensinn.

Aber es gibt auch negative Aspekte hierbei, denn nicht selten wird innerhalb eines Rudels wenig vornehm um Machtansprüche gekämpft. Wenn ein Hund dem Halter vollständig ausgeliefert ist, wird er den Halter natürlich als "Chef" akzeptieren, sozusagen als Alphatier oder als "Leitwolf".

Doch auch dieses Phänomen sollte man kennen: Es gibt Hundehalter, die, um ihre Macht zu demonstrieren, ihrem Tier absichtlich Schmerzen zufügen und ihm Gewalt antun. Sie wollen ihm zeigen, "wer der Boss ist". Unbewusst versuchen sie, den

Hund zu "formen". Sie bemühen sich, blinden Gehorsam einzufordern. In verschiedenen Sportarten, in denen Hunde im Mittelpunkt stehen, begegnet man diesem Phänomen nicht eben selten. Menschen, die ihre Machtgelüste an Hunden ausleben, stammen häufig aus einer Familie mit extrem hierarchischer Prägung. *Unterwerfung* lautete dort das Motto. Als Ausgleich und Ventil benutzen sie nun ihren Hund, um sich in dem Machtgerangel, das ihrer Meinung nach überall existiert, zu behaupten und um sich selbst den ersten Platz zu sichern. Höchst bemerkenswert ist der Umstand, dass Hunde nicht notwendigerweise in Hierarchien denken – wenn der Halter selbst diese Denkweise abgelegt hat.

Auch der Besitz eines Pferdes repräsentiert mitunter die Sehnsucht, eine starke, männliche Komponente ausleben zu können. Manchmal versteckt sich hier ebenfalls der Versuch zu herrschen. Und so gibt es alle möglichen Abartigkeiten innerhalb des Pferdesports.

Katzen wiederum symbolisieren Freiheit. Die Katze darf unabhängig sein, speziell was ihre Emotionalität angeht. Katzen gesteht man zu, ihre Freiheitsliebe voll auszuleben, selbst herumstreunende Katzen werden toleriert. All dies gilt im Allgemeinen als "normal", wenn es um den beliebten Stubentiger geht. Man erlaubt es der Katze, dass sie Liebe und Zuneigung zeigen darf, wenn *sie* es will. Die Katze entscheidet, ob sie anhänglich ist oder nicht. Weiter fühlen sich sowohl Kinder als auch das Kind in Erwachsenen zu allem hingezogen, was klein, niedlich und kuschelig ist.

All das sind ... alte Programme, nichts als alte Programme!

Ich weiß, dass ich mit diesen Anmerkungen nicht auf allzu viel Sympathie stoße, aber es handelt sich hierbei einfach um die Ergebnisse meiner Arbeit. Um mich noch weiter unbeliebt zu machen: Kleintiere, wie Hasen oder Meerschweinchen zum Beispiel, gelten als typische Nestbeschmutzer. Sie verrichten ihr

"Geschäft" in einem Käfig oder nach Belieben an anderen Orten und Plätzen, die eigentlich nicht dafür vorgesehen sind. Meiner Erfahrung nach protestiert man mit diesen Kuscheltieren leise und auf eine unauffällige Art und Weise gegen Vorschriften und traditionelle Gebote der Gesellschaft, des Arbeitgebers oder auch gegen das "Gefängnis", das innerhalb eines Familienkreises existieren kann.

Bereits die Auswahl eines Lieblingstieres deutet manchmal, jedoch nicht immer, auf seelische Defizite hin. Der Mensch drückt sich dann emotional durch die Wahl eines bestimmten Tieres aus, das er bevorzugt. In der Folge prägt der Tierbesitzer die Verhaltensweise dieses seines Lieblingstieres, indem er seine Gedanken und Gefühle auf es projiziert.

Bissige Hunde, Hunde, die auf einen Pfiff hin angerannt kommen, scheue Hasen, Katzen, die Frauchen wie Hunde an der Leine begleiten – all dies verrät etwas über den Halter und den Menschen selbst. Und zu all diesen nicht immer angenehmen Erkenntnissen gelangt man, wenn man intensiv mit Tieren und Menschen arbeitet.

Die genaue Analyse ist jedoch selten oder nie so eindimensional, wie ich sie gerade dargestellt habe. Die Beobachtungen hier sollen lediglich dazu dienen nachzudenken, warum wir ein bestimmtes Haustier auswählen. Sie sind nur Beispiele, keinesfalls allgemeingültige Erkenntnisse.

Die gute Nachricht: Selbst diese alten Programme kann man ausräumen. Das Ergebnis ist gewöhnlich eine stärkere Zuneigung zu dem Tier, das man nun weitaus unvoreingenommener betrachten kann.

Es ist immer gefährlich, auf Verallgemeinerungen zu reflektieren, denn Probleme sind stets individueller Natur. Man verliert sich zu leicht in Klischees, wenn man alles über einen Kamm schert. Auch ist das "Psychologisieren" heute fast zu einer Art

Gesellschaftsspiel verkommen, wobei selten in die Zwölf getroffen wird. Die hohe Kunst besteht auf jeden Fall darin, die eigenen alten Programme, Vorurteile und fixen Ideen auszuräumen. Alte Programme verhindern zudem, dass der Mensch mit dem Tier ein *echtes* Gespräch führen kann.

In diesem Zusammenhang ein offenes Wort zur Psychoanalyse und Psychologie ...

16.

EIN OFFENES WORT

Theoretisch könnte man annehmen, dass die Psychoanalyse oder die Psychologie hervorragende Methoden zur Verfügung stellen, um optimal mit Tieren umzugehen, schließlich existiert der Ausdruck "Tierpsychologie". Tatsächlich jedoch unterlag der Begriff "Tierpsychologie" einem ständigen Wandel. Mal wurde damit auf eine neue "Wissenschaft" gedeutet, parallel zur Psychologie, mal auf die Entwicklungsbiologie, dann wieder auf die Verhaltensforschung. Zeitweise geriet der Begriff völlig in Verruf. Das hatte unter anderem damit zu tun, dass die leitenden "Experten" der Tierpsychologie eine Zeit lang ... Soldaten (!) waren. 1936 sprach man vom "Heereshundewesen", und man vermutete, dass Geisteskranke und Tiere gleichermaßen seelisch behindert seien – man stelle sich das mal vor! Zudem wurden Pferde zuhauf im Krieg eingesetzt. Es ging also nie um das Tier selbst, sondern nur darum, wie man sich seiner bedienen und es unterjochen konnte.

Nazis und Psychiater verunglimpften den Begriff der Tierpsychologie weiter, teilweise wurde er dazu benutzt, um die grausamsten Tierversuche zu rechtfertigen. Natürlich sprach man Tieren jede Seele ab, obwohl doch schon ein einfacher Blick in die Augen eines empfindsamen Pferdes oder Hundes genügt hätte, um das Gegenteil zu beweisen.

Trainer und Hundeschulen verwenden dennoch nach wie vor den Begriff Tierpsychologie. Dabei steht oft die Konditionierung des Tieres im Vordergrund, die "Erziehung" mittels Schmerzen.

Persönlich ziehe ich es deshalb vor, von der *Think-Feel-Methode* zu sprechen, wenn es darum geht, ein Tier zu verstehen und sich in seine Welt hineinzuversetzen. Überschneidungen und Verwechslungen mit der Tierpsychologie sind damit ausgeschlossen.

Die Think-Feel-Methode

Die *Think-Feel-Methode* unterscheidet sich vollständig von der Tierpsychologie oder anderen Versuchen, Tiere zu manipulieren. Selbst die Begriffe *Horse Whisperer* oder *Dog Whisperer* wurden schon missbraucht – auch in ihren Reihen gibt es noch immer "Trainer", die mit Schmerzmethoden operieren. Die *Think-Feel-Methode* dagegen lehnt jede Art von Elektroschock, Schlägen und Bestrafungen vollständig ab. Es geht nicht darum, ein Tier mit Gewalt in etwas hineinzuzwingen oder es abzurichten.

Grundsätzlich besitzt jeder Mensch das Potenzial, die *Think-Feel-Methode* zu erlernen, wenn ich auch nicht glaube, dass jeder Mensch dies als seine Mission ansieht. Ein Tierpsychologe versucht nur, ein Tier zu manipulieren. Mittels der *Think-Feel-Methode* dagegen bemüht man sich, das Tier in seinem eigenen, selbstgesetzten Rahmen zu verstehen.

Psychotherapie und Psychiatrie

In diesem Zusammenhang ein offenes Wort über die Psychotherapie und die Psychiatrie. Um gleich mit der Tür ins Haus zu fallen: Ich habe ernsthafte Einwände gegen beide Disziplinen. Im Rahmen der Psychotherapie bastelt man mehr oder weniger erfolgreich an einigen Kommunikationsproblemen herum. Manchmal verbessert sich der Zustand des Patienten ein wenig, meist jedoch nicht und nicht selten verschlechtert sich sogar sein Befinden – so zumindest meine Erfahrungen und Beobachtungen. Bestimmte Methoden verwerfe ich vollständig.

Noch vernichtender urteile ich über die Psychiatrie, wo mit Psychodrogen Behandlungen durchgeführt werden. Sie können Schäden für ein ganzes Leben nach sich ziehen. Der (psychiatrische) Elektroschock, der in einigen Ländern noch immer nicht verboten ist, ist darüber hinaus eine weitere barbarische, inhumane "Behandlungsmethode" der Seelenklempner. Damit will man Menschen (und manchmal Tiere) kontrollieren und gewaltsam "umzuerziehen". In Deutschland wurde der Elektroschock während des Ersten Weltkrieges benutzt, um Soldaten zurück an die Front zu treiben, weil sie sich weigerten, aufgrund der Gräuel, die sie während einer Schlacht erfahren hatten, zurück in den Krieg zu ziehen.[1] Mehr und mehr Fachleute sprechen heute von einer unmenschlichen Barbarei, was den Elektroschock angeht!

Die Vorteile der Think-Feel-Methode

Ohne dass man die spirituelle Komponente einbezieht, ist ein echtes "Gespräch" mit einem Tier nicht möglich. Weiter kann man den Menschen nur dann "heilen" und seinen Problemen zu

Leibe rücken, wenn man den Geist oder die Seele berücksichtigt. *Atman* nannten die alter Inder die Seele, *Ba* die alten Ägypter, *Chi* die alten chinesischen Weisen. Wieder andere Vokabeln lauten *Bewusstsein*, ja sogar *Gott*.

Psychotherapeuten besitzen vielleicht ein Diplom oder bekleiden eine hohe Position, aber sie versuchen nur, mittels einer fertigen Gebrauchsanweisung etwas zu reparieren. Aber wenn man wirklich effizient helfen will, muss man *selbst* den Weg beschreiten, der in die richtige Richtung weist und der nach "oben" führt. Ansonsten führt ein Blinder den Blinden.

Wie kann ein "Experte", der sich selbst nicht kennt und der nicht weiß, wer er ist, ja nicht einmal weiß, dass er nicht weiß, andere Menschen beurteilen? Die meisten Psychotherapeuten, die ich kennengelernt habe, waren "unbewusst" unterwegs, sie liefen auf *Autopilot*, wie ich das nenne, sie hatten es längst aufgegeben, sich selbst eine eigene Meinung zu bilden, unabhängig von alten Programmen und unabhängig von der "Umwelt".

Rund 97 % der Bevölkerung, so meine Einschätzung, ist noch nicht "aufgewacht", nur rund 3 % können ihre alten Programme ausräumen und daraufhin ihre Träume wahr machen. Ein noch ein kleinerer Prozentsatz entwickelt sich ständig spirituell weiter und steuert das eigene Leben in vollem Bewusstsein.

Aber jeder, der Ohren hat zu hören, kann sich im Prinzip freimachen von alten Programmen und es mit der *Think-Feel-Methode* versuchen. Ich hoffe und ich glaube, *Sie* gehören dazu.

Die spirituelle Komponente

Wir leben in einer Welt des Scheins. Alles wird dem äußeren Bild untergeordnet. Das Diplom, der Titel, die Position – das ist es, was zählt. Es ist ein hübsches Gesellschaftsspiel, das in praktisch allen Nationen der Erde an der Tagesordnung ist. Der Psychotherapeut jedoch (oder überhaupt der Therapeut), der sich dabei nicht bemüht, eine spirituelle Komponente zuzulassen, ist in den meisten Fällen zum Scheitern verurteilt.

Dennoch muss man sich vor Verallgemeinerungen hüten. Zu selten investieren Menschen tatsächlich in die eigene *Persönlichkeit*, im Vordergrund steht zu oft die Notwendigkeit des unmittelbaren Überlebens oder die Karriere. Die Selbstbeobachtung, die mittels eines Hundes möglich wäre, ist ein Luxus, den sich nur wenige gönnen.

Meiner Ansicht nach handelt es sich um einen lebenslangen Prozess, wenn man alte, unbewusste Programme deaktivieren und die Zügel wieder selbst in die Hand nehmen will. Aber wenn dies gelingt, kann man den Film, der da heißt *Leben*, plötzlich selbst schreiben, man kann darin die Hauptrolle spielen und Regisseur gleichzeitig sein. Geht man das Leben bewusst an, gewinnt man sogar die Fähigkeit, die Realität beeinflussen zu können – die scheinbar so unabänderlich von uns existiert.

Ist der Autopilot ausgeschaltet, schießt automatisch auch das Verantwortungslevel nach oben. Bestimmte Fähigkeiten stellen sich ein. Unter anderem gehört dazu, dass man zu der Tierwelt ein ganz anderes Verhältnis gewinnen kann.

Meine *Think-Feel-Methode* lässt sich jedoch nicht mechanisch abkupfern, sie hat nichts damit zu tun, etwas auswendig zu lernen oder ein paar Sätze simpel nachzubeten. Die Fähigkeit, telepathisch auf einer Gedanken-/Gefühlsbasis zu kommunizieren, ist zwar allgegenwärtig und in mehr Menschen vorhanden, als im Allgemeinen angenommen, aber die wenigsten Zeitgenossen sind sich dieses Talentes bewusst und nutzen es systematisch. Einige Besserwisser leugnen sogar schlicht, dass die Telepathie überhaupt existiert.

Im letzten Kapitel werde ich die einzelnen Schritte, die notwendig sind, um entsprechend zu kommunizieren, noch einmal im Detail darlegen, sie übersichtlich zusammenfassen und vorstellen. Es *gibt* einen Weg, der in die richtige Richtung führt. Aber ich sollte vorher ein (vorletztes) Wort über Zoos und die Tierhaltung überhaupt verlieren, denn es ist wichtig. Wie also haben wir über Zoos, Tiergehege, Tierreservate und Zirkusarenen insgesamt zu urteilen, angesichts dessen, was wir jetzt bereits wissen?

17.

ZOOS, ZIRKUSSE UND TIERRESERVATE

Grundsätzlich sollten wir allen Zeitgenossen, die sich um die Tierwelt verdient machen, applaudieren. Zoos, zoologische Gärten, Tiergärten und Tierparks sind üblicherweise von hingebungsvollen Wärtern und Tierliebhabern bevölkert, die sich manchmal ein Bein ausreißen, um Tieren den Aufenthalt so angenehm wie möglich zu gestalten.

Tatsächlich gab es Zoos bereits im alten Ägypten, etwa 3500 v. Christus, wo man Wildkatzen, Nilpferde, Elefanten, Antilopen und Paviane hielt, auch um ein besonders exotisches Tier je und je einem anderen Herrscher zum Geschenk zu machen.

Im alten Persien gab es ebenso Zoos wie unter einigen Aztekenfürsten, die Schmuck- und Raubvögel den Vorzug gaben, aber sich etwa auch Schlangen hielten.

In unseren Breiten verfügten im Mittelalter (ca. 500 bis 1500 n. Chr.) nicht eben wenige Klöster und Lokalherrscher über Tiergehege, wir kennen sie aus Italien, Frankreich und Deutschland.

Im 18., 19. und 20. Jahrhundert schossen zoologische Gärten plötzlich allerorten aus dem Boden. Im Jahre 1930 gab es eine regelrechte Gründungshysterie in Deutschland. Offiziell dienten diese Zoos der Bildung, der Erholung, der Forschung und dem

Naturschutz. Man differenzierte mehr und mehr zwischen Ozeanarien, Wildparks, Terrarien und Aquarien etwa. Dennoch wurde die vollständige Wahrheit selten gesagt. Die Wahrheit? Nun, im Allgemeinen handelte es sich lediglich um ein Spektakel, um eine Show, die Zuschauer und Besucher unendlich *staunen* lassen sollte – es ging nicht um das Tier, sondern um den Menschen.

Schon früh entdeckten immerhin echte Tierschützer, dass es skandalös war, bestimmte Tierarten in Zoos zu halten, wie den Löwen etwa oder Giraffen und Elefanten. Tierrechtler gingen auf die Barrikaden. Sie wiesen auf die umfangreichen natürlichen Lebensräume dieser Tiere hin, die teilweise gewaltsam in die Zoos verschleppt worden waren, gegen viel Bares natürlich, und die jetzt in winzigen Käfigen oder Gehegen hausen mussten. Eisbären und Tiger beispielsweise verfügen in freier Wildbahn über riesige Territorien. Doch plötzlich mussten sie mit ein paar Quadratmetern zurechtkommen – und sollten sich auch noch wohlfühlen.

Etwas stimmte nicht, ja etwas stimmte ganz und gar nicht.

Kommunikation mit einem Fisch

Über die Intelligenz der Delphine und anderer Großfische brauchen wir nicht weiter zu philosophieren, sie ist bekannt. Einer meiner Freunde berichtete mir, dass er einmal telepathischen Kontakt zu einem riesigen Fisch in einem Zoo aufnahm. Obwohl sich das Tier in einem verhältnismäßig großen Aquarium befand, spiegelte es natürlich nicht im Entferntesten seinen natürlichen Lebensraum wider. Das Gespräch mit diesem Fisch – mein Freund erinnerte sich nicht mehr an die Art – lief seinem Bericht nach etwa so ab:

"Hallo, wie geht's dir?"

Fisch: Keine Antwort.

"Geht es dir gut?"

Fisch: *"Was glotzt du mich so an?"*

"Mich interessiert nur, wie es dir geht?"

Fisch: *"Entsetzlich. Schau dich doch um. Ich kann grade mal zwei oder drei kleine Schwimmzüge machen und mich kaum bewegen."*

"Ich finde, du siehst wunderbar aus. Mächtig. Beeindruckend."

Fisch: Keine Antwort erfolgte. Tiefste Apathie und Verzweiflung wurde zu meinem Freund "hinübergefunkt". Die Augen des riesigen Fisches wirkten wie tot. Der telepathische Kontakt wurde schwächer. Dann vernahm er schwach:

"Ich sterbe. Ich will nur noch sterben."

Mehr erzählte mein Freund nicht. Es handelte sich um ein Gespräch, das auf einer Think-Feel-Ebene ablief. Mein Freund berichtete nur, dass er das Aquarium in einer Art Schockzustand verließ. Er hatte es anfänglich nicht darauf angelegt, mit dem Fisch in Kontakt zu treten, die Kommunikation war eher "zufällig" zustande gekommen. Der Schock rührte daher, dass mein Freund, der Tiere ebenso liebt wie ich, plötzlich über den Augenkontakt mit dem "Geist" des Tieres in Verbindung getreten war, wie das vielleicht ein Indianer ausdrücken würde. Die Augen des Fisches waren trüb und fast gebrochen, wie bei einem Menschen, der kurz vor dem Tod steht.

Zoos heute

Glücklicherweise gibt es heute bereits eine Gegenbewegung zu Zoos. Das Bewusstsein hat zugenommen, was begrüßenswert ist. Selbst viele Zoodirektoren änderten inzwischen ihre Ansichten. Tierschützer erkannten, dass Zoos nur dann gerechtfertigt sind, wenn Tieren zumindest eine Annäherung an den ursprünglichen Lebensraum zur Verfügung gestellt werden kann. Das ist bei Wildtieren selten oder nie der Fall. Ein Löwe, ein Tiger, ein Puma oder ein Panther, aber auch Bären, Affen und so weiter können innerhalb von Zoos nicht glücklich sein und sich artgerecht entfalten, es ist unmöglich.

Eine weitaus bessere Alternative bieten Nationalparks, wie sie in Südafrika etwa häufig zu finden sind. Den Tieren wird auf riesigen Flächen ein artgerechter Raum zur Verfügung gestellt. Menschen kontrollieren ihn kaum oder selten und lassen der Natur ihren Lauf. Vor Tierschützern, die sich um Nationalparks mit ihren umfangreichen Landflächen bemühen, kann man nur den Hut ziehen. Sie denken an die Tiere und nicht an sich selbst.

Zirkusse heute

Tierschützer monierten speziell im 20. und 21. Jahrhundert, dass es auch in einigen Zirkussen unhaltbare Zustände gibt. Die Haltung und die Dressur vieler Tiere ist selten artgerecht. Viele

Zirkustiere kommen sich vor wie in einem Gefängnis. Die kleinen Käfige und die unnatürliche Lebensweise sind eine Zumutung für die Tiere. Zudem werden die Tiere damit traktiert, vor einem sensationshungrigen Publikum regelmäßig irgendwelche Kunststückchen aufführen zu müssen. Diese Kunststückchen werden oft mit brutalen Methoden eintrainiert – ein Grund, warum viele Zirkustiere vorzeitig sterben. In Zirkussen wird mit Futterentzug gearbeitet, mit Misshandlungen, Schlägen, ja sogar mit Medikamenten, um die Tiere gefügig zu machen, sowie mit den entsetzlichen Elektroschockern. Natürlich gibt es löbliche Ausnahmen, aber eben diese Ausnahmen scheinen nur die Regel zu bestätigen.

Dennoch sollten sich mit diesen Zeilen keineswegs jene Tierhüter angesprochen fühlen, die sich ehrlich bemühen, den Tieren ein halbwegs erträgliches Leben zu ermöglichen. Auch in Zirkussen gibt es fabelhafte Gestalten.

Was uns das Zoogeschäft verrät

Wie sollte man nun von einem spirituellen Gesichtspunkt dieses Thema betrachten? Nun, Zoos, Aquarien, Terrarien und Käfige ... repräsentieren für mich Gefängnisse, in denen jedoch der Mensch selbst sitzt.

Weiter gibt es einige interessante "Umkehrungen", die man sofort erkennt, wenn man nur die Augen aufmacht: Man betrachte sich nur einmal ein Affengehege in einem Zoo. Wer beobachtet hier wen? Die Affen die Menschen? Oder die Menschen die Affen? Wer realisiert, dass er in einem Käfig sitzt? Meiner Meinung nach gewöhnlich die Affen, die Menschen realisieren dagegen nicht, dass auch sie sich in einem Gefängnis befinden.

Die Größe der Gehege wird, wie schon ausgeführt, gewöhnlich recht willkürlich festgelegt, und zwar von einigen selbsternannten "Experten". Erkennt ein "Experte" plötzlich, dass Gehege zu klein und nicht artgerecht sind, werden rasch einige kosmetische Veränderungen vorgenommen und ein Käfig wird um eine Kleinigkeit vergrößert.

Willkürlich sind weiter viele Maßstäbe und Richtlinien in den Zoos. Die Wärter und Menschen nehmen in ihrer Naivität an, dass das Leben in einer "Zoovilla" (= einem gut eingerichteten Gehege) mit seinem ausgezeichneten Essen, einer tüchtigen Anzahl an Leidensgenossen und verschiedenen Spielzeugen so schlecht nicht sein kann. Aber ach, sie irren grausam. Sie gehen von sich selbst aus. Selbst das größte und schönste Gefängnis ist ein Gefängnis und bleibt ein Gefängnis. Das kleinste Zuhause, höchst bescheiden, wenn es frei gewählt ist und nach Belieben verlassen werden kann, ist dagegen ein Paradies.

Was uns das Zirkusgeschäft verrät

In einem Zirkus haschen die Tierdompteure wie Ertrinkende nach Bewunderung, auf Kosten der Tiere. Aber was die Dressuren im Zirkus angeht, so muss man auch in diesem Zusammenhang realisieren, dass es eine bemerkenswerte "Umkehrung" gibt. Der Mensch dort ist ebenfalls längst dressiert. Der "Löwenbändiger" in seinem glitzernden Kostüm und mit seiner knallenden Peitsche führt sich zunächst einmal selbst vor, er glänzt vor dem Publikum und ist betrunken von seiner eigenen Bedeutung und seinem Mut. Das alles drängt er dem Tier auf und glaubt, der Löwe wäre ebenso gefalls- und applaussüchtig wie er selbst.

Im Übrigen will ich auch in diesem Kontext meine Kritik etwas zurücknehmen und mich selbst nicht als das leuchtende Ideal darstellen. Es gab Zeiten, da hatte ich selbst "Tomaten auf den Augen" und sah nicht wirklich, was sich in einem Zoo oder in einem Zirkus abspielte. Erst zu einem späteren Zeitpunkt erkannte ich, was dort wirklich geschah. In diesem Sinne glaube ich inzwischen, dass es für jeden Menschen *seinen* Zeitpunkt gibt, zu dem er gewissermaßen "erwacht".

Dennoch fordere ich jeden Zoo- und Zirkusbesucher auf, sich einmal verschiedene Fragen zu stellen und sie ehrlich für sich selbst zu beantworten – ich stelle diesen Fragenkatalog gleich vor.

Kleines Fazit

Zoos, auch Zirkusse und erst recht riesige Nationalparks, besitzen mit Sicherheit ihre Existenzberechtigung. Ich will nicht von oben und sozusagen von der Kanzel herab alles verurteilen, zumal man stets differenzieren muss. Aber es gibt auch genügend berechtigte Kritikpunkte. Jedenfalls begrüße ich es, dass Tierschützer zunehmend von dem Gesichtspunkt der Tiere aus urteilen und Menschen mehr und mehr "aufwachen".

Einige Menschen sind allerdings wie Panther, die ständig im Kreis herumgehen. Sie "schlafen" noch, wie ich das nenne. Sie haben längst vergessen, über welch unendliche Macht sie in Wahrheit verfügen. Sie wagen es nicht mehr zu träumen. Sie befinden sich *selbst* hinter Gitterstäben und leben in einem Gefängnis – gewissermaßen in einem Menschenzoo oder in einem Zirkus, in dem sie selbst in der Manege herumgeführt werden.

Vielleicht sollten wir zunächst die Menschen befreien, bevor wir uns um die Tiere kümmern?

Jedenfalls gilt dieser Satz: In dem Augenblick, da wir anfangen, Tiere besser zu verstehen, beginnen wir, auch uns selbst besser zu begreifen.

Goldene Fragen

Wie gerade versprochen nun noch einige "goldene Fragen", wie ich sie nennen möchte, in denen es um den Zoo und den Zirkus geht, aber auch um das eigene Haustier. Sie lauten:

- Warum gibt es den Zirkus wirklich? Was ist abseits aller Werbung der wahre Grund für seine Existenz?

- Warum gehe ich in den Zirkus?

- Wie würde ich mich fühlen, wenn ich mir vorstelle, ich wäre ein Dompteur?

- Wie würde ich mich fühlen, wenn ich mir vorstelle, ich wäre ein Elefant in einem Zirkus?

- Warum gehe ich in den Zoo?

- Was fühle ich, wenn ich Tiere in einem Zoo sehe? Gibt es Parallelen zu meinem eigenen Leben?

- Würde ich gerne mit den Tieren im Zoo tauschen?

- Warum nehme ich alles für bare Münze, was Experten über Tiere schreiben oder sagen, obwohl ich es nicht nachprüfen kann?

- Warum mag ich bestimmte Tierarten, andere dagegen nicht?

- Könnte es sein, wenn ich von den Vorzügen und Nachteilen meines Haustieres spreche, dass ich damit unbewusst auf mich selbst deute?

Oh, oh, hier handelt es sich um "gefährliche" Fragen, denn die Antworten zielen in Richtung Wahrheit ... Fragen sind manchmal bedeutsamer als Antworten. Jeder, der ehrlich genug ist, für sich persönlich obige Fragen zu beantworten, wird einige erstaunliche Einsichten gewinnen.

Wenn man anfängt, selbstständig zu denken und auf alle "Experten" pfeift, gelangt man auch hinsichtlich seines eigenen Haustieres auf einmal zu Erkenntnissen, die es in sich haben. Bei Licht betrachtet kommen sie einer kleinen Revolution gleich.

18.

TELEPATHISCHE BEGABUNGEN

Der springende Punkt und die wirklich aufregende Botschaft dieses Buches lautet, dass im Grunde genommen jeder von uns die Telepathie mit einem Tier erlernen kann, wenn er nur guten Willens ist.

Aber wie sollte er dabei vorgehen?

Telepathie, der direkte, unmittelbare geistige Kontakt also, ist eine Methode, mit Tieren *direkt* in Kommunikation zu treten, ohne komplizierte Umwege zu nehmen. Aber gibt es nicht zu viele Tierarten? Und verfügt nicht jede Art über ihre spezifischen Besonderheiten?

Millionen von Tierarten

Ich habe bereits darauf aufmerksam gemacht, dass es rund 1,25 Millionen Tierarten gibt, die mehr oder weniger gut beschrieben und mit einem Namen oder Schildchen versehen worden sind. Doch es gibt rund 120 Millionen Tierarten, nicht nur 1,25 Millionen. Noch einmal: Wir kennen gerade einmal ein Hundertstel aller Arten – und das mehr schlecht als recht.

Selbstredend kann ich nicht behaupten, mit 1,25 Millionen Arten Kontakt aufgenommen zu haben. Bestenfalls habe ich einen winzigen Bruchteil unter die Lupe genommen, wobei ich mich bemüht habe, die beliebtesten und prominentesten Arten zu zitieren, wie den Hund, die Katze, den Hamster oder das Pferd. Auch die einzelnen Tiersprachen – die Körpersprachen – die zweifelsfrei existieren, habe ich bestenfalls ansatzweise erwähnt.

Es gibt zahlreiche hochintelligente Tiere, die sich der erstaunlichsten Überlebensmechanismen und ihrer ganz spezifischen Ausdrucksformen befleißigen. Einige können mit Werkzeugen hantieren, gleich dem Menschen, und sie können alle möglichen Probleme lösen. Andere Tiere können sich selbst im Spiegel erkennen und verfügen damit über ein Ich-Bewusstsein, wie schon ausgeführt. Wieder andere verstehen sogar einige wenige Worte der Menschensprache.

Speziell die Überlebensintelligenz einiger Tiere, die mit bestimmten Sprachen einhergeht, ist erstaunlich. Der Kugelfisch etwa bläst sich bei einem Angriff auf wie ein Ballon, damit er größer erscheint. Auf seiner Oberfläche befinden sich gleichzeitig unversehens zahlreiche spitze, gefährliche Stacheln, die einem Feind jeden Mut nehmen, sich ihm zu nähern. Eine optische Sprache!

Vogelarten drücken mit ihrem Gesang die widersprüchlichsten Botschaften aus. *Geh weg!*, lautet die Kommunikation einiger Vögel, wenn es um Feinde geht oder darum, ein Revier abzustecken. *Komm her!*, lautet die Botschaft, wenn die Paarung angesagt ist. Vögel können brüllen, kreischen, gurren (wie die Taube), stampfen (wie eine Hühnerart), klappern (wie der Storch) oder mit den Flügeln schlagen. Sie können klopfen wie ein Specht oder trillern wie ein Kolibri. Die Sprachen der Vögel allein sind noch nicht einmal ansatzweise untersucht worden. Welch eine fantastische Gelegenheit zur Recherche!

Und was ist mit all den Kriechtieren – wie beispielsweise Schlangen?

Schlangen

Ich habe scheinbar schlicht "vergessen", über Schlangen zu berichten. Warum? Nun, wahrscheinlich spaziere ich selbst mit einigen falschen Programmen durch die Welt, was Schlangen angeht. Offenbar habe ich in meinem Unterbewusstsein ein Programm laufen, das besagt, dass man vor Schlangen Angst haben muss. Und so viel ist wahr: Ich habe tatsächlich gemischte Gefühle, wenn es um Schlangen geht, die dabei ungewöhnlich hübsch aussehen können. Vielleicht sollte ich mit meinem falschen Programm endlich Schluss machen. Denn in Wahrheit sind Schlangen sehr nützliche Tiere, sie halten das Ökosystem in der Balance und wirken der Ungezieferpopulation entgegen.

Insekten

Und wie verhält es sich mit Insekten, von denen es ebenfalls Millionen unterschiedliche Arten gibt? Persönlich glaube ich nicht, dass man mit jeder einzelnen Ameise kommunizieren kann, aber vielleicht ist es möglich, mit einem ganzen Ameisenhaufen in mentalen Kontakt zu treten sowie beispielsweise mit einem Fliegen- oder Bienenschwarm.

Meine Erlebnisse mit Ameisen und mit Fliegen

Vor einiger Zeit befand ich mich in Südfrankreich in einem Hotel, als auf einmal, scheinbar aus dem Nichts, zahllose Ameisen auftauchten. Eine richtige Ameisenstraße führte an einer Wand entlang.

Sofort begab ich mich zu dem Concierge, um ihn über die kleinen Eindringlinge zu informieren. Der gute Mann erklärte mir, dass dies hier, im Süden Frankreichs, "normal" sei. Auch in der Küche und an der Bar würden ab und an Ameisenstraßen auftauchen, ich solle mir, *s'il vous plaît*, keine Gedanken über die Invasoren machen.

Es gibt über 13.000 Ameisenarten, die bereits entdeckt und beschrieben worden sind. Sie kommen quasi überall vor, in tropischen und gemäßigten Zonen und auf allen fünf Kontinenten. Ameisen zählen zu den Insekten, es gibt sie seit 100 bis 130 Millionen Jahren, es handelt sich um regelrechte Überlebenskünstler. Im Allgemeinen werden sie mächtig unterschätzt.

Auch die "Sprache" der Ameisen ist hochinteressant: Sie kommunizieren über Düfte oder Gerüche sowie taktil, durch Berührung also – ihre Fühler sind hochempfindlich. Inzwischen weiß man, dass diese Düfte unglaublich ausdifferenziert sind. Es gibt eigene Alarmdüfte und auch spezielle Wohlfühlgerüche. Was die Berührungskommunikationen angeht, so werden diese über "Antennen" weitergegeben oder über Fühler. Die Berührung mittels dieser Fühler kann kurz oder lang sein, abrupt oder gleitend, und wahrscheinlich gibt es noch 101 mehr Möglichkeiten, über eine Berührung allein eine Botschaft zu vermitteln. Man denke nur an die zahlreichen Methoden des Menschen, mittels Berührungen unterschiedliche Emotionen und Kommunikationen zum Ausdruck zu bringen – von der Ohrfeige bis hin zu dem zärtlichen Streicheln. Haben wir selbst, das Menschengeschlecht, die Sprache der Berührung noch nicht vollständig entdeckt? Über die Fühler kann eine Ameise jedenfalls sogar kommunizieren, welche *Art* von Nahrung sie benötigt. Es ist ein schieres Wunder der Natur.

Ameisen besitzen so etwas wie eine kollektive Intelligenz. Sie setzen diese ein, um zum Beispiel ein (eigentlich weit überlegenes) Beutetier gemeinsam zu besiegen und ins Nest zu schaffen. Bestimmte Gerüche markieren in der Folge die Ameisenstraße, über die das Beutetier ins Nest transportiert wird. Ameisen können sogar ganze "Staaten" gründen, besser sollte man sagen: Kolonien. – Auch was Ameisen angeht, stehen wir meiner Ansicht nach erst ganz am Anfang der Forschung.

Aber zurück zum Text und zu meinem Hotel, wo die Ameisen mir meinen Platz streitig machten und zu meinen unfreiwilligen Zimmergenossen avanciert waren.

Ameisengift war für mich keine Option. Also musste ich wohl oder übel zur Selbsthilfe greifen. Ich besorgte mir daher ein wenig Natron, das ich auf die Ameisenstraße streute. Das Ergebnis ließ jedoch zu wünschen übrig, ich erreichte eher das Gegenteil. Als ich die Invasion genauer inspizierte, entdeckte ich, dass die Ameisen inzwischen in meinem Badezimmer und in meinem Schlafraum ihre Versammlungen abhielten.

Also überlegte ich angespannt. Unversehens erinnerte ich mich daran, wie ich zu einem früheren Zeitpunkt einer Fliegenplage Herr geworden war. Der Ort war ein Wohnviertel in der schönen Schweiz. Meine Nachbarn schlossen einfach die Balkontüren und zogen die Vorhänge zu, um die Fliegen davon abzuhalten, sie zu belästigen. Simpel! Eine andere Methode bestand darin, Fliegengitter anzubringen und Fliegenfallen aufzustellen. Dabei handelte es sich jedoch nicht um "meine" Methode. Außerdem funktionierten selbst diese "normalen" Techniken nur bedingt.

Fliegen sind ebenfalls Insekten, man ordnet sie den sogenannten Zweiflüglern zu. Insgesamt gibt es rund 160.000 Arten auf der Erde, schätzen Biologen. Aber wie war ich eigentlich damals zum "Herrn der Fliegen" aufgestiegen? Nun, damals wagte ich ein unglaubliches Experiment. Ich "sprach" mit den Fliegen! Ich versuchte, "mental" mit den Fliegen in Kontakt zu treten.

So etwa verlief das Gespräch – besser sollte ich sagen, so lautete ungefähr meine Ansprache: "Also, ihr lieben Fliegen, jetzt hört mir einmal gut zu. Ihr befindet euch in meiner Realität. Hier gelten jedoch meine Regeln. Wer in meine Nähe kommt, der signalisiert mir, dass ich mit ihm anstellen kann, was ich will. Das bedeutet: Ihr macht mit meiner Fliegenklatsche Bekanntschaft. Aber ihr könnt auch einfach auf Nimmerwiedersehen verschwinden. Nun könnt ihr wählen. Ich rate euch: Wählt weise!"

Das Ergebnis war faszinierend. Die Fliegen verließen meine Wohnung. Kurz gesagt hatte ich wenige Minuten später meine Ruhe. Nur noch höchst selten verirrte sich noch eine Fliege in meine Nähe. Wenn doch, dann tat ich dies: Ich schob den Vorhang beiseite und öffnete die Tür, die die Fliege darin hinderte, in die freie Natur hinauszujagen. Gleichzeitig erinnerte ich sie an meine Worte und stellte sie erneut vor die Wahl, entweder zu verschwinden oder ... Höchst überrascht stellte ich fest, dass Fliegen zuhören können und über eine beträchtliche Intelligenz verfügen. Normalerweise wird sie vollständig unterschätzt.

Erneut zurück zum Text, zurück zu meinen Ameisen. Nachdem ich mir mein Erlebnis mit den Fliegen zurück ins Gedächtnis gerufen hatte, entschied ich schließlich auch in diesem Fall, den Versuch einer Kommunikation zu wagen. Ich teilte den Ameisen mit: "Ihr habt 24 Stunden Zeit, um aus meiner Realität zu verschwinden. Ansonsten ..."

Das Ergebnis war ebenfalls beeindruckend. Über Nacht verschwand die Ameisenstraße. Das Thema war erledigt. Nur noch selten tauchte in der Folge eine einzelne Ameise in meinen Räumen auf, die sich vielleicht nur verirrt hatte.

Also auch Ameisen können zuhören, auch sie sind weitaus intelligenter, als man gemeinhin annimmt.

Für mich ist der Tatbestand eindeutig: Wir können grundsätzlich mit allen möglichen Tieren direkt in Kontakt treten, ohne Umwege und ohne unnütze Komplikationen.

Ein weiteres Aufregendes Beispiel für die Tiertelepathie

Es gibt zahlreiche Beispiele dafür, dass man mit Tieren aller Art in Kontakt treten kann. Am leichtesten, ich gebe es zu, funktioniert in meinem Fall die Telepathie mit Inka, meinem Hund.

Hier wagte ich einmal ein Experiment, das selbst für mich überraschend war und mir regelrecht Gänsehaut verursachte, eine wohlige Gänsehaut jedoch.

Inka lag eines Tages auf meinem Schoß, ihr Kopf zeigte in Richtung meiner Knie, sie war vollkommen entspannt. Zunächst unterhielt ich mich mit ihr telepathisch.

Aber auf einmal zweifelte ich einen Moment lang, ob diese Kommunikation tatsächlich stattgefunden hatte. Schließlich "sagte" ich zu ihr: "Wenn du mich jetzt wirklich gehört hast, dann drehe deinen Kopf zu mir und blicke mir direkt in die Augen!"

Es vergingen genau zwei oder drei Sekunden. Plötzlich hob Inka ihren Kopf und drehte ihn zu mir, linksherum. Dann sah sie mir aufmerksam direkt in meine Augen. Was ich in solchen Momenten fühle, kann ich kaum in Worte fassen.

Kommunikation mit einer Kuh

Ich habe eine Freundin, die mit Kühen problemlos in Kommunikation treten kann. Den Grund kenne ich nicht. Offensichtlich liebt sie Kühe, sie versteht diese Tiere jedenfalls besser als andere Menschen. Vor dem Haus meiner Freundin befindet sich eine Wiese, auf der in aller Gemütsruhe ständig Kühe grasen. Die Kühe gehören ihrem Nachbarn, nicht einmal ihr selbst.

Da passierte, wie sie mir eines Tages im Vertrauen mitteilte: Eine Kuh lag rund 25 Meter entfernt mit dem Rücken zu ihr im Gras. Meine Freundin teilte dieser Kuh telepathisch mit: "Bitte steh auf und bewege dich in meine Richtung, bis du direkt am Zaun stehst." Die Kuh stand sofort und unmittelbar auf und tat genau das, was meine Freundin "gedacht" hatte und worum sie sie gebeten hatte. Unmittelbar vor dem Zaun blieb sie stehen. Meine Freundin war vor Aufregung und Freude ganz aus dem Häuschen.

Die Moral von der Geschicht'? Wir alle wagen es viel zu selten, die Telepathie einzusetzen, auszutesten und zu nutzen.

Doch wie hat man die Telepathie grundsätzlich einzuordnen? Wie sehen die unterschiedlichen Begabungen hierfür aus? Kann jeder die Tiertelepathie erlernen – oder nicht?

Nichtdenken oder Stufe 1

Es gibt zahlreiche Menschen und noch mehr Tiere, die tatsächlich *nicht* denken.

Selbstredend kann man in diesen Fällen auch keinen mentalen Kontakt mit ihnen aufnehmen, denn es existieren ja keine Gedanken, die man aufschnappen könnte. Möglicherweise verfügen die meisten Tierarten über keine eigenständigen, originalen Gedanken. Andererseits gibt es Tiere, die telepathisch hochbegabt sind, zum Beispiel Nashörner. Erlauben Sie mir noch einmal, Lawrence Anthony zu zitieren, den Schöpfer eines südafrikanischen Nationalparks. Er konstatierte: "Hierzulande [= in Südafrika] weiß jeder Wildhüter, dass just an dem Tag, an dem man Nashörner betäuben und umsiedeln will, nicht ein einziges Tier vors Narkosegewehr kommt. Auch wenn es einen Tag zuvor geradezu vor Nashörnern gewimmelt hat. Irgendwie scheinen sie zu ahnen, wenn man es auf sie abgesehen hat, und verschwinden dann einfach von der Bildfläche. Kommt man hingegen eine Woche später wieder, diesmal nur, um Büffel zu betäuben, stehen die Nashörner, die zuvor wie vom Erdboden verschluckt schienen, urplötzlich vor einem und schauen einen mit großen Augen an."[1]

Ein lupenreines Beispiel von Telepathie!

Es gibt mit anderen Worten Tiere, die unglaublich telepathisch begabt sind, und es existieren Tiere und Tierarten, die auf dieser "Wellenlänge" kaum oder überhaupt nicht funktionieren. Wir müssen also differenzieren. Sofern Tiere keine eigenen Gedanken denken, sind sie kaum telepathisch begabt. Je mehr Tiere nur die beiden Reaktionen *Kampf* und *Flucht* kennen, je mehr sie reagieren als agieren, umso unbegabter sind sie, was die Telepathie angeht. – Das trifft übrigens auch auf Menschen zu: Es gibt Menschen, die keinerlei Gefühl für die Telepathie haben. Einige bekämpfen allein schon die Vorstellung.

Der Autopilot oder Stufe 2

Auf Stufe 2 befindet sich der Mensch, der auf "Autopilot" läuft, wie ich das nenne. Hierunter verstehe ich eine Ausgabe des Homo sapiens, der so intensiv in Mechaniken und Mechanismen gefangen ist, dass es sich um einen halben Roboter handelt. Er besteht, metaphorisch ausgedrückt, aus zahlreichen Zahnrädchen, die automatisch ineinandergreifen, aus Schrauben, aus Metall und aus Drähten. Seine "Gedanken" sind wie mathematische Gleichungen, die unabänderlich festgeschrieben sind.

Dieser Mensch denkt nicht mehr selbst, er übernimmt alles unkritisch – von seinen Eltern, Freunden, Arbeitskollegen, den Nachbarn, den Medien und so fort. Andere "denken" für ihn, er übernimmt nur ihre Vorstellungen. Er verhält sich wie eine Schallplatte, welche die gleiche Melodie immer wieder abnudelt. Würde man sein Gehirn untersuchen, würde man wahrscheinlich nur einen Computer dort entdecken, kein Fleisch, etwas überspitzt formuliert. Er ist ein programmierter Androide, der seine Programme nicht mehr abstellen kann.

Leider läuft die Masse der Menschen auf Autopilot. Wichtig ist für sie nur, was andere denken, auch wenn es nicht offen zugegeben wird. Selbst die Kleidung ist stromlinienförmig. Dieser Typus passt sich einem "System" an. Gefühle werden unterdrückt, wodurch ein gestauter Energiefluss entsteht, der im Extremfall zu Krankheiten, Depressionen und Tod führt.

Was die Telepathie angeht, so verführt allein der Zwang der Umwelt diesen Typus dazu, dass er sie nicht einmal wahrnimmt.

Der Beginn der Individualität oder Stufe 3

Darüber angesiedelt ist der halbwache Zeitgenosse, der ahnt und fühlt, dass es "da noch etwas geben muss". Er spürt, dass die Mechaniken, Energien und Massen sowie Zeit und Raum nicht der Weisheit letzter Schluss sein können. Er flirtet mit der Möglichkeit, dass es eine Seele geben könnte. Er empfängt manchmal Wellen oder Gedanken, die er gewöhnlich jedoch rasch wieder beiseiteschiebt, weil sie nicht in das anerkannte, etablierte Weltbild passen. Immerhin stellt er sich ebenso erstaunt wie neugierig Fragen wie:

- Wer bin ich eigentlich wirklich?

- Was sind meine wahren Absichten und Ziele?

- Warum bin ich hier, auf Planet Erde?

Er ist misstrauisch gegenüber Manipulation, er ist nicht "angepasst", er kann es zur Not mit anderen Zeitgenossen aufnehmen.

Auf dieser Stufe beginnt das eigenständige Denken.

Dieser Typus ist durchaus fähig zur Telepathie, er müsste nur weiterforschen und einige Experimente selbst anstellen.

In einigen Belangen ist er unsicher. Er schwankt zwischen verschiedenen Meinungen hin und her.

Der Rebell oder Stufe 4

In der nächsthöheren Kategorie wacht der Mensch gewissermaßen auf. Er weiß und erkennt, dass er über folgende Eigenschaften verfügt: Mut, Wille, Absicht und Selbstdisziplin. Er kann sich selbst eine Anweisung geben und befolgt sie. Er weiß, dass er Vorurteile und "alte Programme" hat, die er eigentlich über Bord werfen müsste. Er weiß darüber hinaus, dass seine Freunde und Verwandten ebenfalls zu einem Großteil auf "alten Programmen" laufen. Manchmal fürchtet er sich, seine wahren Gefühle und Einstellungen preiszugeben, denn er ahnt, dass er dafür nur kritisiert wird; er kennt die Obsession der Umwelt, ihre Ansichten anderen überzustülpen. Je und je wächst er jedoch über sich hinaus und pfeift auf die gesamte "Umwelt". Dann versucht er, nach seiner eigenen Fasson selig zu werden. Also begibt er sich auf das glatt gebohnerte Parkett der Experimente und sucht Anregungen. Er bricht aus. Er streift das Korsett der Gesellschaft ab und mutiert zum Rebellen.

Der natürliche Telepath Stufe 5

Auf dieser Stufe versucht der Mensch, sich kontinuierlich zu verbessern und nach "oben" zu wandern, in spiritueller und mentaler Hinsicht. Er weiß, dass er vollständig eigenständig denken kann. Er kann willkürlich etwas "erschaffen", das so vorher noch nicht existierte. Er ist der Herr seiner Gedanken. Er ist sich bewusst, dass er bewusst ist. "Ich denke, also bin ich!", so formulierte es einst der Philosoph René Descartes. Er versucht, diese Macht zu nutzen, zum Besten seiner Umgebung. Er kann gezielt Gedanken formen, neue Gedanken aus dem Nichts aufscheinen lassen und ist zu großartigen Ideen fähig.

Er weiß, dass Ideen allein ein Leben vollständig verändern können.

Dieser Zeitgenosse ist zu 100 % fähig, telepathische Kommunikationen zu senden und zu empfangen.

Schritte zur Telepathie

Allein der Umstand, dass *Sie* dieses vorliegende Buch gekauft und gelesen haben, bedeutet, dass Sie sich mindestens auf Stufe 3 befinden, wenn nicht darüber. Immerhin versuchen Sie, mit Tieren eine Kommunikation herzustellen – wer von allen Zeitgenossen, die Sie kennen, bemüht sich schon darum?

Doch wie lässt sich diese Fähigkeit systematisch weiter ausbauen?

19.

Wie man die Telepathie erlernen und mit Tieren kommunizieren kann

Fünf Schritte sind wesentlich, wenn Sie sich der Kommunikation mit Tieren annähern wollen.

Schritt 1

Die erste Voraussetzung besteht darin, dass Sie völlig unvoreingenommen davon ausgehen, dass Telepathie grundsätzlich möglich ist. Lehnen Sie die Vorstellung nicht einfach ab. Seien Sie tolerant und offen für neue Ideen.

In dem Moment, da ein Mensch behauptet, Telepathie existiere nicht – existiert sie natürlich nicht für ihn. Er vergisst dabei, dass niemand anders als er *selbst* eben diese Verneinung ins Leben gerufen hat. Er errichtet sozusagen einen mentalen Block. Er "erschafft" die Vorstellung, dass Telepathie Unsinn ist oder nicht existieren könne.

Hilfreich ist es weiter, sich an Zeiten zu erinnern, in denen man sich in erstaunlicher Weise mit anderen Menschen oder Tieren verbunden fühlte. Viele Menschen hatten bereits einen telepathischen Kontakt, der jedoch nicht entsprechend gewürdigt wurde – vielleicht weil er sich so selbstverständlich anfühlte. Telepathie ist keine Hexerei, es handelt sich im Gegenteil um einen natürlichen Zustand.

Offenheit und Vorurteilslosigkeit sind jedenfalls der erste Schritt, der notwendig ist, um das Talent zur Kommunikation mit Tieren bei sich selbst zu entdecken. Es gilt, neue Gedanken und Vorstellungen in sich einzulassen. Sie müssen sich selbst zugestehen, dass Sie potenziell über enorme Fähigkeiten verfügen.

Schritt 2

Wie Sie bereits wissen, gibt es "alte Programme", die uns alles Mögliche vorgaukeln und suggerieren. Wenn Sie mit einer bestimmten Tierart telepathisch in Kontakt treten wollen, müssen Sie zunächst diese alten, lästigen, falschen Programme ausräumen.

Ist Ihr Liebling beispielsweise eine Katze, so müssen Sie Abstand nehmen von Vorurteilen und fixen Ideen über Katzen. Die goldene Frage lautet: *Was glaubte ich bislang über Katzen, was ich aber nie persönlich nachgeprüft habe?*"

Wenn Ihr Lieblingstier ein Hund ist, so können Sie getrost alle Informationen in Frage stellen, die Sie über Hunde besitzen. Ich schätze, dass rund 80 % aller Daten über Hunde, die im Umlauf sind, falsch sind. Das beginnt beim "richtigen" Hundefutter, wie es die Werbung suggeriert, setzt sich fort über angeblich notwendige Impfungen und endet bei dem "Charakter" der unterschiedlichen Hunderassen. Nur nebenbei bemerkt: Persönlich verabreiche ich meinem Hund nur Futter, das ich auch selbst essen würde.

Es existieren sicherlich mehr als 100 mögliche falsche "Programme" über Hunde, sprich Vorurteile und Annahmen, die sich bei näherer Betrachtung in Luft auflösen. Einige Programme habe ich in meinem Buch: *Wie du mit Hunden sprechen kannst*[2] demaskiert. Aber ich schließe nicht aus, dass es noch sehr viel mehr fixe Ideen über Hunde gibt.

Für andere Tierarten gilt das gleiche, falsche Programme über Pferde etwa wurden von Autoren wie Sharon Wilsie erfolgreich ausgeräumt. Um sich von vorgefertigten Ideen über Tiere wirklich zu befreien, ist es auch notwendig, sich von Persönlichkeiten in seiner unmittelbaren Umgebung zu distanzieren, die Sie aktiv abwerten, bewerten oder unterdrücken, die Ihnen also kurz gesagt ihr Weltbild aufdrängen wollen.

"Bist du sicher, dass du das kannst?", fragen sie ständig, wenn Sie ein neues Unternehmen starten wollen.

"Woher nimmst du das Geld, wenn du xy in Angriff nimmst?"

"Die Behauptungen über Telepathie sind doch Hirngespinste, vergeude damit nicht deine Zeit."

Diese Personen laufen selbst auf alten, tief verankerten Programmen.

Man muss sich also nicht nur von den eigenen alten Programmen befreien, sondern auch von einer Umgebung, die von alten Programmen getrieben und beherrscht wird und die versucht, sie Ihnen aufzudrängen.

Schritt 2 besteht also aus zwei Teilen!

Schritt 3

Sobald Sie sozusagen den Kopf frei haben, empfiehlt es sich, Ihr Tier, das Sie ins Auge gefasst haben, genauestens zu beobachten. Beobachten Sie es so exakt wie möglich, von allen Seiten, aus verschiedenen Entfernungen und Blickwinkeln, zu unterschiedlichen Zeiten und bei allen möglichen Betätigungen und Gelegenheiten.

Nicht umsonst habe ich immer wieder auf die unterschiedlichen Lebensräume und die Kunst der Beobachtung aufmerksam gemacht.

Einige Tierliebhaber beobachten ein bestimmtes Tier manchmal jahrelang. Sie bringen schier alles über ein Tier in Erfahrung: Vorlieben, Launen, Bewegungen, Lautäußerungen, die Stellung der Gliedmaßen, Mimik und Gestik, die Interessen, worauf also die Aufmerksamkeit des Tieres ruht – und immer wieder seine Emotionen. Sie machen sich sachkundig über den ursprünglichen, natürlichen Lebensraum des Tieres. Grundsätzlich versuchen sie, die Welt aus den Augen des Tieres zu sehen – was ihnen einen echten Wissensvorsprung verschafft.

Auf die hohe Kunst der Beobachtung verstand sich nebenbei bemerkt niemand so gut wie Leonardo da Vinci. Und so wurde er zu einem der berühmtesten Maler aller Zeiten. Erlauben Sie mir einen kleinen Exkurs ...

Leonardo verhielt sich anders als andere Künstler, er unterschied sich von ihnen vor allem in einem einzigen, hochinteressanten Punkt: Er kultivierte die Beobachtung, aber in einem Umfang und einem Ausmaß, das weithin unbekannt ist. So beschäftigte er sich etwa wochen- und monatelang mit dem Flug der Vögel. Stets gab er sich nie mit der oberflächlichen Beobachtung zufrieden, er wollte die "Ursachen dahinter" in Erfahrung bringen. In diesem Sinne interessierte er sich auch für Grundprinzipien der Dynamik, er stellte Fragen über den Wind, die Wolken, das Alter der Erde, die Fortpflanzung und das menschliche Herz. Dabei war seine Erziehung und Ausbildung nicht besser als die jedes anderen seiner Zeit. Das heißt, er konnte von Haus aus mit Mühe lesen, schreiben und ein wenig auf dem Rechenbrett hantieren. Aber Leonardo brachte sich alles selbst bei – bis er schlussendlich die kompliziertesten Enzyklopädien studieren konnte. Er las Bücher über das Altertum und studierte moderne Autoren. Er las alles unter der Sonne, kein Buch war vor ihm sicher, keine Bibliothek.

Vor allem aber pflegte er ein Vorgehen, das eigentlich keine Parallele in der gesamten Geschichte besitzt: Er *beobachtete* so genau wie kein Zweiter. Das heißt, Leonardo da Vinci durchstreifte monatelang die Gassen, nur um Menschen bei ihren Tätigkeiten zuzusehen. Er studierte jede ihrer Bewegungen, er schaute, wie sie lachten und wie sie weinten. Er besah sie sich, wenn sie starben und wenn sie tot waren. Er ging sogar so weit, dass er persönlich Leichen sezierte. Er marschierte ins Leichenschauhaus und nahm Leichen auseinander, um zu sehen, wie die Muskeln und die Sehnen arbeiten und wie die Knochen gelegen sind. Dadurch besaß Leonardo eine genaue Vorstellung, was die Anatomie des menschlichen Körpers angeht. Er beobachtete ferner Emotionen und Leidenschaften. Er beobachtete so genau und so oft, wie vorher und vielleicht nachher nie wieder ein Mensch beobachtet hat. Leonardo beobachtete wie gesagt sogar den Wind und die Wolken intensiv, wieder und wieder, daneben die verschiedensten Bewegungen des Wassers. Es ist keine Übertreibung, ihn als Wissenschaftler der Hydrografie, der Wasserkunde, zu bezeichnen. Zu den erstaunlichsten Erkenntnissen gelangte er durch die simple Beobachtung. Er beobachtete lange und intensiv. Er beobachtete von allen Seiten. Er beobachtete von verschiedenen Blickwinkeln aus. Er versuchte bei seinen Beobachtungen in die Tiefe zu gehen. Wenn er einmal etwas in Angriff nahm, das ihn wirklich faszinierte, so ging er immer mit einer Intensität und Beobachtungsgenauigkeit vor, die einmalig war.

Als er beispielsweise *Das Abendmahl* malte – eines der berühmtesten Gemälde der Welt, das 1494-1497 in Mailand entstand – beschäftigte er sich Tag und Nacht damit. Leonardo durchstreifte tatsächlich ganz Mailand auf der Suche nach Köpfen und Gesichtern, die ihm als Modelle für die Figuren in seinem *Abendmahl* dienen konnten. Er wählte unter hunderten von einzelnen Zügen aus und verband sie im Schmelztiegel seiner Kunst.

Seine Skizzen sind so meisterlich, dass wir Leonardo als den talentiertesten, feinnervigsten und tiefsinnigsten Zeichner der Renaissance betrachten müssen. Keine der Zeichnungen Michelangelos oder Rembrandts kommen den Zeichnungen Leonardos gleich. Leonardo zeichnete jede Erscheinungsform des körperlichen und zahlreiche Zustände des geistigen Lebens. Hunderte von Putten oder *bambini* räkeln ihre rundlichen Gliedmaßen auf seinen Bildern. Er malte unzählige griechische Jünglinge und zahllose schöne Mädchen mit gelockten oder wehenden Haaren. Er malte Athleten mit starken Muskeln, martialische Krieger und stampfende, schnaubende Pferde. All das war nur möglich, weil er länger, genauer und schärfer beobachtete als alle seine Zeitgenossen.[3]

Wir sind gut beraten, wenn wir diese geniale Eigenschaft kopieren und genau so und nicht anders vorgehen. Wenn Sie ein Tier ähnlich intensiv beobachten, werden Sie es nach einiger Zeit in- und auswendig kennen.

Schritt 4

Nun geht es ans Eingemachte. Arbeiten Sie jetzt daran, Ihrem Tier zusätzlich eine unglaubliche Zuneigung und Liebe entgegenzubringen. Vielleicht haben Sie das bereits getan. Aber versuchen Sie, dies noch zu steigern. Erweisen Sie dem Tier Respekt. Gestehen Sie ihm zu, so zu sein, wie es ist. Bemühen Sie sich, das Tier zu verstehen, *nicht* es zu verändern. Das Tier muss erkennen, dass Sie durch und durch gute Absichten verfolgen. Es muss Sie akzeptieren. Es muss bereit sein, Sie in seine Welt einzulassen. Das ist erst möglich, wenn es Ihnen zu 100 % Vertrauen entgegenbringt.

Sie können sogar so weit gehen, probeweise eine Stunde oder ein paar Minuten genau so zu leben wie dieses Tier, so dass Sie es wirklich von Grund auf verstehen.

Einige sehr gute Tierkommunikatoren gehen genau so und nicht anders vor.

Schritt 5

Nun können Sie die ersten Experimente wagen, wenn sie nicht ohnehin schon stattgefunden haben. Versuchen Sie jetzt, die Gedanken/Gefühle des Tieres zu erfassen. Stellen Sie sich auf seine Wellenlänge ein. Werden Sie eins mit dem Tier, in geistiger Hinsicht. Daraufhin können Sie ihm Ihre Gedanken/Gefühle zusenden, die jedoch immer positiv sein sollten. Gestatten Sie sich die Idee, dass Sie eine Kommunikation in Richtung Tier mental aussenden und empfangen können.

Wenn Sie genau so vorgehen, werden Sie eines Tages den schönsten Dialog mit Ihrem Tier führen, den Sie sich vorstellen können. Es wird ein überraschendes Erlebnis sein, doch wenn Sie fortfahren, wird es nach einiger Zeit "normal" sein, sich mit Ihrem Tier telepathisch zu unterhalten.

Spätestens jetzt beginnt für Sie ein unglaubliches Abenteuer.

Der Kreis schließt sich

Für mich endete das Abenteuer allerdings hier an dieser Stelle, das Abenteuer Buch. Ich habe mich auf den vergangenen Seiten bemüht, so ehrlich und aufrichtig wie möglich meine Sicht der Dinge darzulegen, selbst wenn sie nicht "populär" ist und von der allgemein akzeptierten Sichtweise abweicht. Aber es ging mir nur um die Wahrheit und nicht darum, einen Beliebtheitswettbewerb zu gewinnen.

Einige meiner Ansichten mögen auf Gegenliebe stoßen, andere nicht.

Grundsätzlich will ich niemanden überzeugen; jeder hat ein Anrecht auf seine eigene Meinung.

Es ging mir auch nicht darum, aberwitzige Behauptungen aufzustellen oder darauf aufmerksam zu machen, dass ich ein ganz famoser, einzigartig begabter Zeitgenosse bin. Letztlich ging es mir nur um die Tierwelt, die meiner Ansicht nach weitaus mehr Beachtung und Respekt verdient, als das heute der Fall ist. In ihr sind Abenteuer möglich, die bislang noch nicht einmal angedacht worden sind.

Sollte mir dies gelungen sein, so hätte dieses Buch sein Ziel erreicht.

Ich bedanke mich für Ihre Aufmerksamkeit, Ihr Interesse und Ihre Geduld.

Anmerkungen

Die Wissensrevolution oder die Entdeckung der Tierwelt

1. Vgl. ein Film von Jan Haft, Die zehn ältesten Tiere der Welt, Phönix 2018

2. Peter Sitte, u. a., Lehrbuch der Botanik für Hochschulen, Heidelberg 2002^{35}, S. 10

3. *https://wissen-hund.de/hundesprache-deuten/?cn-reloaded=1*

4. Elisa S. Suter, Wie du mit Hunden sprechen kannst, Suhl 2019, S. 95

Wirklichkeit: Ein neuer Ansatz

1. John a. Wheeler, Gravitation und Raumzeit, Amazon 1991

2. *https://youtu.be/bguUOBwtaLw*

Was Sprache eigentlich ist

1. Vgl. Rafael Freire, Ursula H. Munro, Lesley J. Rogers, Roswitha Wiltschko und Wolfgang Wiltschko: Chickens orient using a magnetic compass. In: Current Biology. Band 15, 2005, R620–R621

2. Siehe *www.mpg.de/10319313/magnetfeld-kompass-auge*

3. Vgl. Wikipedia, Magnetsinn

4. Siehe Wikipedia, Stichwort "Telepathie"

Geheimnisse der Katzensprache

1. Herodot, Historien, hrsg. von Hans Wilhelm Haussig, Stuttgart 1971^4, S. 128 f.

2. Vgl. Frank Fabian, die ägyptische Katzengöttin, Clearwater 2015

3. Siehe Will Durant, Kulturgeschichte der Menschheit, Band III, Lausanne o. J.

4. Siehe Wikipedia, Stichwort "Katze". Vgl. auch Ronald M. Nowak, Walker`s Mammals of the Word, Baltimore 1999

5. Helga Hofmann, Katzensprache, München 2011⁴, S. 26

Intelligenz und die Sprache der Affen

1. Hans-Joachim Zillmer, Die Evolutions-Lüge, München 2010³, S. 70

2. Vgl. Frank Fabian, Die größten Fälschungen der Geschichte, München 2015, S. 259 ff.

3. CNN, 27. Januar 2019, Sendung: GPs mit Fared Zakaria

4. Vgl. Alexander Mäder, 14. Nov. 2011, Schimpansen, Experimente zu sozialen Fähigkeiten, Stuttgarter Zeitung

5. *www.spiegel.de/wissenschaft/natur/schimpansen-besitzen-die-kognitiven-faehigkeiten-zum-kochen-a-1036897.html*

6. Siehe: *www.spiegel.de/wissenschaft/natur/schimpansen-besitzen-die-kognitiven-faehigkeiten-zum-kochen-a-1036897.html*

7. Vgl. Spektrum.de vom 2. März 2019, Artikel von Jürgen Lethmate

8. Siehe: *www.sueddeutsche.de/wissen/tierforschung-die-intelligenz-bestien1.912287-3*

9. Siehe: *www.spektrum.de/news/gorillas-brauchen-nicht-unbedingt-gorilla-lehrer/1524443*

Elefanten und Elefantenflüsterer

1. Vgl. Planet Wissen, siehe: *www.planet-wissen.de/natur/wildtiere/elefanten/pwwbelefanten100.html#Elefantentalk*

2. Lawrence Anthony, Der Elefantenflüsterer, München 2016⁴, S. 237

3. Anthony, a. a. O., S. 239

4. Anthony, a. a. O., S. 84

5. Anthony, a. a. O., S. 69

Pferde, Pferdetraining und die Methoden der Pferdeflüsterer

1. Vgl. Monty Roberts, Der mit den Pferden spricht,
Bergisch Gladbach 1997

2. Siehe Monty Roberts, Shy Boy, Gespräche mit einem Mustang,
Bergisch Gladbach 1999

3. Sharon Wilsie & Gretchen Vogel, Sprachkurs Pferd, Stuttgart 2018

4. Wilsie, a. a. O., S. 23

5. Wilsie, a. a. O., S. 81

6. Siehe zum Beispiel:
https://tierkommunikation-telepathie.de/kommunikation/pferde/

Bezugsfelder oder die Palette der Tiersprachen

1. Andrea Weller-Essers, Geniale Tiere, ohne Zeit- und Ortsangabe, S. 137

Ein offenes Wort

1. Vgl. Thomas Röder, Die Männer hinter Hitler, Malters 1998

Telepathische Begabungen

1. Vgl. Lawrence Anthony, Der Elefantenflüsterer, München 2016[4], S.7

Wie man die Telepathie erlernen und mit Tieren kommunizieren kann

2. Elisa S. Suter, Wie du mit Hunden sprechen kannst, Clearwater 2019

3. Kenneth Clark, Leonardo da Vinci, Reinbek bei Hamburg 1998[19], S. 42

ZUR AUTORIN

Elisa S. Suter, geboren und wohnhaft in der Schweiz, absolvierte zunächst eine Ausbildung zur Primarlehrerin und unterrichtete zahlreiche Schüler aller Altersklassen, bevor sie sich mit der Tierwelt näher beschäftigte, der schon seit frühester Kindheit ihr besonderes Interesse galt.

Als sie sich selbst ihren "Traum vom Hund" erfüllte, lernte sie die gesamte Bandbreite der "Hundeszene" kennen, in verschiedenen europäischen Ländern, in den USA und in Australien.

2016 gründete sie ihre eigene Beratungsfirma, die sich aufgrund ihrer außerordentlichen Coaching-Erfolge und einer völlig neuen Methode sofort zu einem "Geheimtipp" entwickelte.

Heute berät die Autorin regelmäßig Tierbesitzer aller Couleur. Ihre Schwerpunkte liegen auf verschiedenen Tiersprachen, der Menschen-Tiersprache und dem Thema Leadership.

Suter engagiert sich zudem regelmäßig im Rahmen von Seminaren, Vorträgen, Gruppenberatungen und Privat-Coachings im Bereich "Human Potential" mit dem Fokus auf "Mind over Matter".

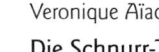

180 Seiten, durchg. farbig,
inklusive CD, Flexocover
ISBN 978-3-89845-408-7
€ [D] 19,95

Veronique Aïache

Die Schnurr-Therapie
Wie Katzen uns heilen

Das sanfte Schnurren einer Katze verbreitet nicht nur Wohlbehagen und Wärme, es hat auch eine wohltuende Wirkung auf Körper und Seele. Schnurren ist ein Anti-Stress-Faktor, kurbelt das Immunsystem an, gleicht den Blutdruck aus und unterstützt die Psychomotorik.

Entdecken Sie in diesem Buch die Geheimnisse dieses natürlichen Heilmittels und die Heilkräfte des Schnurrens. Neben praktischen Übungen und wunderschönen Fotos enthält dieses einmalige Buch eine 30-minütige CD mit Katzenschnurren, damit auch Menschen ohne Katze die wohltuende Wirkung des Schnurrens erleben können.

232 Seiten, broschiert
ISBN 978-3-89845-590-9
€ [D] 18,95

Birgit Rusche-Hecker und Annette Dorstijn

Fühlende Wesen
Tiere als Brücke zu unserer wahren Natur

Mit diesem Buch erkennen wir unser Bewusstsein für uns selbst und die Welt um uns herum. Wir erfahren, wie es gelingen kann, unsere Verbundenheit mit uns selbst und anderen fühlenden Wesen wiederherzustellen und zu spüren, welch wichtige, hilfreiche Begleiter unsere Mitgeschöpfe, die Tiere, auf diesem Weg sind.

Eine Inspiration für Menschen, die sich auf den Kern ihres Seins rückbesinnen und ihren Teil zum persönlichen sowie zum Wohl der Tiere beitragen möchten.

Mit gratis MP3-Download

192 Seiten, durchg. farbig,
broschiert
ISBN 978-3-89845-597-8
€ [D] 17,00

Birgit Rusche-Hecker & Sonja Macke

Hundephobie
Die Angst überwinden, befreit leben

Aus dem Blickwinkeln einer Therapeutin und einer Klientin mit völlig unterschiedlichen Hundeerfahrungen beleuchtet dieses Buch das Thema Hundephobie, weshalb die doppelte Fülle an Informationen für Menschen mit Angst vor Hunden zu deutlich mehr Verständnis und Klarheit führt. Betroffene lernen durch dieses Buch, ihre Angst besser zu verstehen – und wie sie sie überwinden können.

Die Leser erhalten Tipps, was sie tun können und welche Hilfen es gibt, damit auch sie befreit und ohne Angst vor Hunden ihr Leben genießen können.

45 runde, farbige Karten,
Ø 10 cm, mit Begleitbuch,
160 Seiten, broschiert, in Box
ISBN 978-3-89845-363-9
€ [D] 18,90

Scott Alexander King

Krafttiere für Kinder

Ein Kind in unserer modernen Welt zu sein, ist manchmal schwierig, wenn man eine Entscheidung treffen muss, es einem nicht gut geht oder man traurig ist. Wie schön, wenn man dann einen Freund hat, mit dem man reden kann, der zuhört und hilft. Krafttiere sind diese liebevollen Freunde, die dich unterstützen, dir helfen und dich beraten. Schon die alten Kulturen wussten, dass wir mit den Tieren kommunizieren und von ihnen lernen können. Auch du kannst mit den Tieren sprechen, und dieses wunderschön illustrierte Kartenset hilft dir dabei, die Botschaften der Tiere zu verstehen. Wann immer du den Krafttieren deine Sorgen und Ängste mitteilst, werden sie dir Antwort auf deine Fragen geben, dir Kraft und Vertrauen spenden und dich auf deinem Weg durch das Leben begleiten.

144 Seiten, illustriert, 2-fbg,
broschiert
ISBN 978-3-89845-391-2
€ [D] 14,95

Tina von der Brüggen

Tierkommunikation für Kinder
Wir verstehen uns tierisch gut

In Kindern schlummert die Fähigkeit, telepathisch mit Tieren zu kommunizieren, man muss sie nur wecken. Die erfahrene Tierkommunikatorin Tina von der Brüggen lädt Sie in diesem wunderschön illustrierten Buch ein, gemeinsam mit Ihrem Kind zu lernen, mit Tieren zu sprechen.

In dieser leicht verständlichen, spielerischen Einführung in die Kunst der Tierkommunikation lernt Ihr Kind, die Bedürfnisse der Tiere besser zu verstehen und dadurch Liebe und Respekt für sie zu entwickeln. Spannende Imaginationsreisen und praktische Übungen helfen Ihrem Kind, einfach kinderleicht mit Tieren zu kommunizieren.

192 Seiten, broschiert
ISBN 978-3-89845-371-4
€ [D] 14,95

Gary A. Kowalski

Auf Wiedersehen, geliebter Freund
Heilende Weisheiten für Menschen, die ein Tier verloren haben

Der Verlust eines Haustiers kann eine sehr schmerzvolle Erfahrung sein. Gary Kowalski nimmt uns mit auf eine heilsame Reise voller Wärme und Güte, auf der wir erkennen, wie wir den Tod unseres Gefährten besser überwinden.

Die praktischen Ratschläge zur Trauerarbeit sowie die Hinweise und Anregungen, wie wir das Andenken an unsere vierbeinigen Gefährten würdig wahren können, helfen die Trauer zuzulassen und den Schmerz zu bewältigen.

Dieses Buch ist ein wunderbarer Trost für alle, die den Tod eines geliebten Haustiers betrauern.

192 Seiten, 2-fbg., broschiert
ISBN 978-3-89845-439-1
€ [D] 14,95

Allen & Linda Anderson

Engel auf Samtpfoten

Katzen – liebevolle Begleiter unseres Lebens

Katzen sind wahre Engel auf Samtpfoten, die eine ganz besondere Gabe haben, auf menschliche Bedürfnisse einzugehen. Sie spüren, wenn wir Trost brauchen, stehen uns bei, wenn es uns schlecht geht, und bringen uns mit ihren unvergleichlichen Kapriolen zum Lachen. Unsere Samtpfoten helfen uns, zu ausgeglicheneren und liebevolleren, ja sogar zu gesünderen Menschen zu werden.

Entdecken Sie in diesem wunderbaren Buch, warum auch Ihre Katze genau zum richtigen Zeitpunkt und auf die richtige Weise in Ihr Leben gekommen ist – mit den ganz besonderen Gaben, die nur Katzen verschenken.

224 Seiten, broschiert
ISBN 978-3-89845-415-5
€ [D] 14,95

Diana L. Guerrero

Tiere – unsere spirituellen Begleiter

Warum sie unsere Seele berühren und was sie uns lehren

Tiere haben eine ganz besondere Beziehung zu den Menschen. Sie öffnen unser Herz und zeigen uns den Weg zu innerer Stärke und vertrauensvoller Liebe. Mit Tieren zusammen zu sein, heißt, etwas über sich selbst zu lernen.

In diesem Buch erfahren wir, wie wir eine klare Kommunikation mit Tieren herstellen, und entdecken, dass Tiere uns helfen, Zugang zu unserer spirituellen Natur zu erhalten und unser persönliches Wachstum zu beschleunigen. So lernen wir, in Harmonie mit der ganzen Schöpfung zu leben und uns mit den Tieren und dem Vollkommenen verbunden zu fühlen.

256 Seiten, Flexocover
ISBN 978-3-89845-434-6
€ [D] 16,95

Nadja Berger

Hellsicht, Medialität, Channeling

Mediale Fähigkeiten verstehen und anwenden

Wie Medialität Ihr Leben bereichern kann.

Nadja Berger macht Sie mit der Kunst der medialen Wahrnehmung und Kommunikation vertraut und begleitet Sie dabei, diese zu erkunden und auszuüben.

Viele praktische Anleitungen und Übungen zur Schulung eigener sensitiver Fähigkeiten helfen Ihnen, Grenzen zu überschreiten, die einem normalerweise gegeben sind, und Dinge zu überschauen, die man aus der alltäglichen Position heraus nicht wahrnehmen kann. Entdecken Sie Ihre medialen Fähigkeiten, stärken Sie Ihre Intuition und begegnen Sie Ihren geistigen Helfern! Dieses Buch macht es möglich.

Kurt Tepperwein

Was immer du willst

Magnetisch anziehen, was Freude macht

Jeder Mensch besitzt magnetische Kräfte. Er strahlt nicht nur etwas aus, sondern verfügt auch über eine unbewusste Anziehungskraft. Mit Hilfe dieses Buches zeigt Ihnen Kurt Tepperwein, wie Sie Ihre Sinne schärfen und Ihre Magnetkräfte aktivieren können, um Ihrem Leben eine Richtung zu geben, die nicht nur befriedigend ist, sondern die Sie wirklich zufrieden und glücklich macht.

Wenn Sie also magnetisch anziehen wollen, was Freude macht und sich nebenbei von alten Gewohnheiten trennen möchten, halten Sie das absolut richtige Buch in der Hand. Es ist an der Zeit, dass Sie bekommen, was immer Sie wollen!

136 Seiten, broschiert
ISBN 978-3-89845-608-1
€ [D] 12,00

BERND MARTINSCHITZ

Bend Martinschitz

Die lebendige Kraft der Berge

Das gemeinsame Wachsen von Mensch und Natur

Die magische Gebirgswelt ist schon tausendfach beschrieben worden. Doch nun lernen wir sie neu kennen und betreten terra incognita.

Bernd Martinschitz lässt uns teilhaben an der Kraft der Bergriesen. Er präsentiert Berge erstmals als lebendige Wesen mit eigener Historie sowie die gesamte Landschaft als vitales Feld, in das wir Menschen seit Urzeiten eingewoben sind und von dessen Energien wir profitieren können.

Ein einmaliger Reiseführer in das Lebendige der Natur und zu uns selbst.

196 Seiten, durchgehend
farbig, broschiert
ISBN 978-3-89845-558-9
€ [D] 18,95

Nathalie Bodin

Ho'oponopono

30 Formeln zur Lösung von Konflikten

Entdecken Sie Ho'oponopono ganz praktisch für Ihren Alltag. Nathalie Bodin konzentriert sich auf das Wesentliche im hawaiianischen Vergebungsritual: Die Lösung von Konflikten, wie dies in seinen historischen Anfängen der Fall war. Sie hat das ursprüngliche Ritual wiederaufgegriffen und an das moderne westliche Leben angepasst. Sie bringt uns Ho'oponopono nahe, indem sie uns an 30 alltäglichen Situationen zeigt, wie wir Konflikte erfolgreich mit der Energie des Verzeihens und des Reinigens auflösen können.

Entdecken Sie Weisheit des Ho'oponopono, die auch auf jeden Konflikt in Ihrem Leben anwendbar ist!

152 Seiten, mit Abbildungen,
4-fbg., Klappenbroschur
ISBN 978-3-89845-437-7
€ [D] 14,95

Weiterführende Informationen zu
Büchern, Autoren und den Aktivitäten
des Silberschnur Verlages erhalten Sie unter:
www.silberschnur.de

Natürlich können Sie uns auch gerne den
Antwort-Coupon aus dem beiliegenden
Lesezeichenflyer zusenden.

Ihr Interesse wird belohnt!